ARBEITSGEMEINSCHAFT FÜR FORSCHUNG
DES LANDES NORDRHEIN-WESTFALEN

GEISTESWISSENSCHAFTEN

53. Sitzung
am 15. Januar 1958
in Düsseldorf

ARBEITSGEMEINSCHAFT FÜR FORSCHUNG DES LANDES NORDRHEIN-WESTFALEN

GEISTESWISSENSCHAFTEN

HEFT 70

Geo Widengren

Iranisch-semitische Kulturbegegnung in parthischer Zeit

SPRINGER FACHMEDIEN WIESBADEN GMBH

H. LUDIN JANSEN UND G. SÄFLUND
IN FREUNDSCHAFT GEWIDMET

ISBN 978-3-663-00690-9 ISBN 978-3-663-02603-7 (eBook)
DOI 10.1007/978-3-663-02603-7

Ursprünglich erschienen bei Westdeutscher Verlag GmbH, Köln und Opladen 1960

Iranisch-semitische Kulturbegegnung in parthischer Zeit

Von Professor Dr. *Geo Widengren*, Uppsala

I. Politische Übersicht

Als die Parther unter Mithradates I. um 150 v. Chr. die Iranier wieder zu Herrschern von Mesopotamien machten[1], begann neuerlich eine Epoche regen Kulturaustausches zwischen Iraniern und Semiten – noch nachhaltiger als unter den Achämeniden.

Betrachten wir zunächst die politische Karte des vorderen Orients, um feststellen zu können, wie weit die Parther wahrscheinlich ihren Einfluß haben ausüben dürfen!

Im Norden hat Armenien seit dem Beginn der christlichen Zeitrechnung regelmäßig parthische Fürsten als Könige gesehen[2]. Dabei ist aber der Tatsache Rechnung zu tragen, daß Armenien bereits früher eine iranische Dynastie besaß, wodurch iranische Sprache, Kultur, Religion und politisch-soziale Institutionen seit den Tagen der achämenidischen Großkönige in diesem Reich einen weitgehenden Einfluß ausgeübt hatten. Dasselbe gilt von den Königreichen Pontus und Kappadokien[3]. Von eigentlich parthischem Einfluß kann man zwar in den zwei letztgenannten Gebieten nicht sprechen; der iranische Feudaladel hat hier jedoch in gewiß nicht allzu geringem Maße iranische Sprache und Sitte verbreitet[4]. Das gleiche Verhältnis wird auch in dem kleinen Fürstentum Kommagene besonders spürbar, wo uns das Grabmal des Antiochos I. einen willkommenen Einblick in das Iraniertum des äußersten Westens gewährt[5].

[1] *Debevoise*, A Political History of Parthia, S. 21ff.

[2] *Grousset*, Histoire de l'Arménie, S. 105ff.

[3] *Grousset*, a.a.O. S. 73ff. – Die Arabsun-Inschrift in Kappadokien (*Lidzbarski*, Ephemeris für semitische Epigraphik I, S. 7ff.) ist ein Beweis für „die offizielle Einführung der persischen Religion" (so *Schaeder*, Urform und Fortbildungen des manichäischen Systems, Sonderdruck aus: Vorträge der Bibliothek Warburg IV/1924–25, S. 137) und ihre Verschmelzung mit der semitischen Landesreligion, symbolisiert als Hochzeit. Die Inschrift ist wahrscheinlich dem 2. Jahrh. v. Chr. zuzurechnen.

[4] *Reinach*, Mithridate Eupator, S. 23f., 28, 35, 244ff.; CAH IX, S. 214ff.; XI, S. 610ff.

[5] CAH XI, S. 608; RE, Suppl. IV/1924, Koll. 978–990; *Krüger*, Orient und Hellas (etwas oberflächlich). Neuere Forschungsergebnisse bei *Goell*, BASOR 147/1957, S. 4–22.

In der nordwestlichen Ecke Mesopotamiens hat das Königreich Osrhoene schon früher offensichtlich unter parthischem Kultureinfluß gestanden[6], und die Hauptstadt Edessa wird wohl eben darum „die parthische" oder „die Tochter der Parther" genannt (*Cureton*, Ancient Syriac Documents, S. 41, 94, 106).

Es versteht sich von selbst, daß erst recht ein Kleinkönigtum, wie das östlich vom oberen Tigris liegende Adiabene, noch mehr „parthisiert" war[7]. Wie es weiter mit solchen Provinzen wie Atrene und Sittacene stand, ist nicht mit gleich großer Sicherheit zu sagen; sie sind aber als parthische Satelliten schon vom Beginn der parthischen Eroberung an zu betrachten[8], und aufgrund dieser Tatsache ist wohl auch ihre kulturelle Situation zu beurteilen.

Im südlichsten Mesopotamien, im alten Südbabylonien, entstand in Characene ein parthisches Vasallenfürstentum mit einer ursprünglich iranischen, vielleicht sakischen Dynastie, welches in ziemlich loser Verbindung mit der parthischen Zentralverwaltung stand[9].

Im nördlichen Mesopotamien wiederum stand das arabische Kleinkönigtum mit der Stadt Hatra als Zentrum unter parthischem Einfluß. Die noch erhaltenen Ruinen der Palast- und Tempelgebäude zeugen auch hier von einem mächtigen parthischen Kultureinfluß[10].

Was die feudalen parthischen Vasallenstaaten im vorderen Orient betrifft, so sind hiermit die wichtigsten der Kleinstaaten aufgezählt worden. Der parthische politisch-kulturelle Einfluß erstreckte sich aber auch auf Syrien und Palästina[11].

Es ist allgemein bekannt, daß die Bevölkerung sowohl im reichsunmittelbaren parthischen Gebiet – hier vor allem in den Städten – als auch in den Vasallenstaaten eine sehr gemischte war. Dieser Umstand wird

[6] Schon der dritte König Fradāt (120–115 v. Chr.) trägt einen parthischen Namen; *Duval*, Histoire d'Édesse, S. 40.

[7] RE s.v. gibt nichts; CAH IX, S. 580 setzt die Annexion durch Mithradates I, um 142/41 v. Chr. an. Für die spätere Geschichte vgl. *Sachau*, Die Chronik von Arbela, Berlin 1915, S. 29–37.

[8] RE R.II 2, Koll. 399ff. Sittake und Sittakene sind fast ausschließlich geographisch.

[9] *Saint-Martin*, Recherches sur la Mésène et la Characène, S. 182; *Schaeder*, DI XIV/1925, S. 13 Anm. 6 Hyspaosines als Baktrer (Mitteilung *Markwarts*).

[10] *Andrae*, Hatra I–II; RE VII Köll. 2516–2523.

[11] Vgl. *Seyrig*. JRS, XL, S. 1 über Palmyra, und im allgemeinen *Widengren*, Quelques rapports entre Juifs et Iraniens à l'époque des Parthes, S. 197–206.

besonders daraus ersichtlich, daß die Namengebung an vielen Orten ein recht buntscheckiges Aussehen trägt.

Instruktiv und lehrreich sind in dieser Hinsicht die Verhältnisse in der höheren Gesellschaft in Edessa. Unter den Königen selbst wechseln semitische, und zwar arabische, Namen mit iranisch-parthischen[12]. Die nächste Umgebung des Herrschers weist eine noch buntere Mischung auf; denn hier kommen aramäische, arabische, iranische, sowie griechisch-römische Namen zum Vorschein. Wählen wir zur Illustration den Hof Abgar's, so wie er in der *Doctrina Addai* geschildert wird, so finden wir z. B., daß Abgar's Gemahlin Šalmaṯ hieß. Sie trug also einen aramäischen Namen. Sie war aber die Tochter von Mihrdāt, d. h. ihr Vater hatte einen der populärsten iranischen Namen. Unter den Hofleuten finden wir z. B. einen Pērōz, einen Pāqōr, einen Xosrav, sowie einen Mihrdāt[13], lauter gut iranische, und zwar parthische, Namen, wobei auffällt, daß nicht die dann und wann verwendete parthische Namensform Pargōž auftaucht[14]. Es ist auffallend, daß der Bischof, der in Edessa Bardesanes zum Christentum bekehrte, Uštāsp, also Hystaspes, hieß, ein iranischer Name und zwar in parthischer Lautgestalt (eigtl. Vištāsp zu lesen; die mp. Form ist Guštāsp).

Bewegen wir uns zum äußersten Süden von Mesopotamien, so treffen wir in Characene in der Dynastie auf denselben Wechsel zwischen iranischen und semitischen – in diesem Falle babylonisch-aramäischen – Namen[15].

In Adiabene haben die Herrscher, soweit unsere Kenntnis reicht, anscheinend ausschließlich iranische Namen getragen[16], während in Hatra der parthische Name Sanatruk zwar mit der Stadt verbunden erscheint[17], sonst aber die Herrscher wohl arabische Namen führten[18].

[12] *Duval*, *a.a.*O. S. 72f.

[13] *Phillips*, The Doctrine of Addai, the Apostle, S. ܗ Z. 5; Šalmat, S. ܝܛ Z. 9f.; S. ܦܛ Z. 23; Pērōz, S. ܠܒ Z. 4; S. ܠܓ Z. 10; Pāqōr; S. ܣܝ Z. 17: Xosravān; S. ܠܚܝ Z. 3: Mihrdāt. In den Sumatar-Inschriften (vgl. unten S. 33 Anm. 112) finden wir auch Tīrdāt.

[14] Die Form Pargōž ist belegt Šāhpuhrinschr. parth. Version Z. 21: PRGWZ. Aber in den manichäischen Texten (z.B. MirM III, Gloss. S. [905] 60a) finden wir die Form *prywj/g* als parthisch. Die angebliche Schwierigkeit schwindet also bei näherem Betrachten.

[15] *Hill*, Catalogue of the Greek Coins of Arabia, Mesopotamia and Persia, S. 289ff.

[16] Solche Namen sind z.B. Monobazos (*Justi*, Iranisches Namenbuch, und Izates (ib. 146a). Vgl. ferner *Josephus*, Antiquitates XX 2,1–3. Für die spätere Partherzeit haben wir solche Namen der Könige überliefert wie Narsai (*Sachau*, Die Chronik von Arbela, S. 58) und Šāhraṭ (ib. S. 60).

[17] *Nöldeke*, Geschichte der Perser und Araber, S. 34f., 500; *Jensen*, MDOG 60/1920, S. 49.

[18] *Fuad Safar*, Kitābātu-l-Hadr, Sumer VII/1951, S. 170–184; *Caquot*, Syria

Wie es mit Atrene und Sittacene stand, bleibt unsicher[19].

Einen willkommenen Einblick in die völkische Mischung der einzelnen Orte gewährt uns auch die zuerst seleukidische, später parthische Grenzfestung Dura am Euphrat. Hier beobachten wir, daß sich neben den semitischen Namen der Bevölkerung auch einige iranische finden, allerdings sehr wenige[20]. Das gleiche Verhältnis ist in Hatra anzutreffen; unter der überwältigenden Masse der semitischen Namen gibt es auch einige iranische[21]. Dies scheint wohl dafür zu sprechen, daß sich in den Städten der Randgebiete Mesopotamiens die Iranier vielleicht nur als staatliche Beamte fanden, möglicherweise hier und da auch als Kaufleute und Priester.

Allgemein anerkannt ist[22], daß die Lage in einer zentralen Großstadt wie Seleukia-Ktesiphon eine ganz andere war und daß sich besonders in der Stadthälfte Ktesiphon viele Iranier befanden.

Schließlich wollen wir unterstreichen, daß in Mesopotamien die feudalen Einrichtungen und der feudale Lebensstil auf die höheren Klassen der Gesellschaft in der semitischen Bevölkerung – zumal unter den Juden – einen starken Einfluß ausgeübt haben. Dies ist z. B. aus Josephus, Antiquitates XVII 2, 1; XVIII 9 ersichtlich, und wir haben in anderem Zusammenhang die Aufmerksamkeit darauf gelenkt[23].

XXIX/1952, S. 89–118;XXX/1953, S. 234–246; XXXII/1955, S. 49–58; 261–272; *Maricq*, Syria XXXII/1955, S. 273ff. haben die neugefundenen aramäischen Inschriften publiziert und bearbeitet. Die Inschrift Nr. 6 bietet wahrscheinlich einen iranischen Namen, so *Caquot*, a.a.O., S. 93, wo er *Knzyw* zu Kanju (*Justi* a.a.O., S. 155) stellt. In der Inschrift Nr. 20 findet *Caquot* a.a.O., S. 100 den Namen Vorōd, der jedenfalls in den früher angetroffenen graffiti gefunden war, *Jensen* a.a.O., S. 48 mit der Lesung *Markwarts*. Die Prinzessin Wašfarrī trägt wahrscheinlich einen iranischen Namen, so Maricq a.a.O., S. 275, wo er eine Zusammensetzung des Namens von *waš* + *farr* (gut + Glück) vorschlägt. Unter den Götternamen fehlen aber die iranischen, Caquot a.a.O., S. 118.

[19] Siehe oben S. 6 Anm. 8.

[20] *Cumont*, Fouilles de Doura-Europos, Texte, S. 343; *Johnson*, Dura Studies, S. 30f., 41,44,46; The Excavations at Dura-Europos, Prelim. Report of second Season of Work, S. 201ff. Dokument X, das für die Mischung der Bevölkerung besonders instruktiv ist, vgl. auch die vollständige Diskussion in Yale Classical Studies, Vol. II, S. 62–74; Ferner: Prelim. Report of the Fourth Season, S. 119 No. 240 Phraates; S. 120 No. 241 Bathes (= Bat); Prelim. Report of the Seventh and Eighth Seasons, S. 440 Bozanes (= Bōžan). Die Form φραάτης als Gegensatz zu φαραάτ ist interessant, weil die letztgenannte Form schon den Übergang *fra*>*far* zeigt, also Frahāṭ als verglichen mit Farhāṭ (ṭ = τ, weil τ = ט).

[21] Vgl. oben S. 7 Anm. 8.

[22] *Streck*, Seleucia und Ktesiphon, AO XVI 3/4, S. 10.

[23] Vgl. *Widengren*, Quelques rapports, S. 203–205.

II. Verkehrswege und ökonomische Verhältnisse

Um die ökonomischen Verhältnisse zu streifen, müssen wir zuerst das Wegenetz betrachten. Diese Verkehrswege dienen hier von altersher sowohl militärischen als auch ökonomischen Zwecken. Die Hauptstraße in west-östlicher Richtung geht von Antiochia am Orontes nach Zeugma am Euphrat, überquert den Fluß und verläuft durch Apameia über Daiara, Anthemusias, Koraia, Mannuorrha, Auyreth, Kommisimbela, Alagma, Ichnai nach Nikephorion am Euphrat. Dann geht die Straße über Galabatha, Chumbane, Thillada Mirrhada, einen nicht näher bekannten Ort, einen königlichen Artemis-Tempel[24], Allan, Phaliga mit Nobagath, wo der Weg wieder auf der rechten Seite des Flusses verläuft. Weiter geht der Weg dann von Asich und Dura über Merrha, Giddan, Belesi Biblada, Anatho, Thilabus, Izan, Aipolis, Besechana und Neapolis. An diesem Punkt teilt sich der Weg, so daß eine Straße über den Kanal Nahar Malka, den „Königskanal", gerade auf Seleukia geht, während ein anderer Verkehrsweg am Euphrat entlang über Borsippa, Vologesias, Hirah nach Forat und Charax Spasinou am Persischen Golf als Endstation führt. Mit dieser Route haben wir uns für die Strecke Zeugma-Seleukia ganz an die von Isidor von Charax gegebene Beschreibung gehalten.

Dann kommen andere Wege und Straßen in dem großen parthischen Verkehrssystem, für welche uns anderweitige Angaben zur Verfügung stehen. Zuerst muß hier des großartigen Fluß- und Kanalsystems gedacht werden. Besonders der Euphrat mit seinem ruhigeren Lauf spielte mit allen seinen Kanälen für den innermesopotamischen Verkehr eine bedeutende Rolle[25]. Die Leistungsfähigkeit der Fluß-Schiffe war wohl in seleukidisch-parthischer Zeit zum mindesten so groß wie in neubabylonischer Zeit, aus welcher wir genaue Notizen besitzen. Die Größe dieser Frachtschiffe hat jedenfalls 26,76 Registertonnen überschritten[26].

Als Verkehrsmittel neben dem Karawanenhandel war also der Flußverkehr von großer Wichtigkeit. Ob etwa Umladungen von Fracht-

[24] Also ein Ānāhitā-Heiligtum, von Darius gegründet, Isidor von Charax § 1. Für die Identität Artemis-Anāhitā vgl. *Wikander*, Feuerpriester, S. 57, 80ff.

[25] *Cumont* a.a.O., S. XXXVI Anm. 2 verzeichnet für Euphrat und Tigris die Stellen bei Strabon XVI 1:9; Plinius, Naturalis Hist. VI 26:124 und 126 und verweist ferner auf *Lammens*, La Mecque à la veille de l'Hégire, Beirut 1924, S. 107,341. Der Eufrat war stromaufwärts bis Babylon befahrbar, der Tigris bis Seleucia, vgl. Strabo XVI 1, 9.

[26] *Salonen*, Die Wasserfahrzeuge in Babylonien, S. 159f. behandelt die Größe der babylonischen Frachtschiffe.

schiffen auf Karawanenlasttiere zu Transitzwecken vorgenommen wurden oder ob der Flußverkehr lediglich den innermesopotamischen Geschäften diente, bleibt einstweilen unentschieden. Jedenfalls hat aber Seleukia am Tigris als Transitzentrum gedient; denn diese Stadt stand mit dem Euphrat durch das Kanalsystem in direkter Verbindung und war andererseits als Flußhafen mit den Seehäfen am Persischen Golf unmittelbar verknüpft[27]. Seleukia wurde durch diese günstige Lage ein Mittelpunkt des ökonomischen Austausches in Mesopotamien. Darum sammelten sich hier Kaufleute aus einer Menge von Ländern, so daß wir hier Babylonier, Griechen und Mazedonier, Juden, Syrer, Araber, Parther, Perser, Armenier, Inder und sogar Römer antreffen[28].

Das Kanalsystem, das an vielen Stellen die beiden Hauptflüsse miteinander verband, war in parthischer Zeit immer noch gut erhalten und gereichte dem Verkehr verschiedentlich zu großem Nutzen[29].

Daneben wurde aber, wie schon angedeutet, Mesopotamien durch die Karawanenwege durchquert. Von Apameia in Nordmesopotamien führte nicht nur der Hauptweg in SO-Richtung am Euphrat entlang, sondern von Zeugma lief auch eine andere Hauptstraße über Edessa-Nisibis an Hatra vorbei nach Assur. Es darf wohl als sicher gelten[30], daß eine dritte große Straße von Palmyra über Dura und Hatra nach Assur führte.

[27] Über diese Bedeutung Seleukias vgl. *Streck* a.a.O., S. 5f., 12; *Starcky*, Palmyre, S. 69.

[28] *Streck* a.a.O., S. 10; *Charlesworth*, Trade Routes and Commerce of the Roman Empire, S. 102, 261.

[29] Leider wissen wir bis jetzt wenig Konkretes über diese Maßnahmen in parthischer Zeit.

[30] Diese Straßen sind die alten assyrisch-babylonischen, die später von Persern und Mazedoniern übernommen wurden. Die Straße Assur-Hatra-Nisibis-Zeugma ist CAH IX, S. 599 erwähnt. Vgl. über sie Die Chronik von Arbela, S. 29f., wo als Stationen Edessa-Amida-Nisibis-Gāzartā am Tigris erwähnt werden. Vgl. auch im allgemeinen *Charlesworth*, S. 101, 261. Von Querstraßen in Nordmesopotamien können wir die folgenden erwähnen:

1. Zeugma-Edessa-Nisibis-Singara-Mosul und Assur (vgl. die Karten 241, 250–251 bei *Miller*, Itineraria Romana). Für die Strecke Singara–Hatra vgl. *Stein*, JRAS 1941, S. 299–316.
2. Zeugma-Europus-Batnae (SW von Edessa)–Charrae–Rēshainā–Singara (die gleichen Karten).
3. Zeugma–Batnae–Charrae–Ḥatra–Seleukia (Karte 241).
4. Von Dura aus geht jedenfalls ein die schon zuerst beschriebene Route am Euphrat entlang laufender Weg bis in die Nähe von Naharra, wo eine Karawanenstraße nach Norden über Ḥatra nach Mosul führt und somit in Ḥatra Anschluß an den Weg Zeugma–Batrae–Charrae–Ḥatra gewinnt (Karte 241 und S. 779: 22 bei *Miller*).

Diese Andeutungen müssen für dieses Mal genügen. Ich hoffe, auf das Wegenetzsystem Mesopotamiens in anderem Zusammenhang zurückkommen zu können.

Durch diese Verkehrsmöglichkeiten, sowohl auf Straßen als auch auf Flüssen, wurde ein sehr lebhafter Warenaustausch zustandegebracht. Der lebhafte Handel erforderte aber an vielen Orten Rastplätze mit Karawansereien, mit Magazinen und verschiedenen Kaieinrichtungen für den Flußverkehr, insbesondere Lagerhäuser[31].

Der wichtigste von den durchgehenden ost-westlichen und durch Mesopotamien führenden Wegen war selbstverständlich die sogenannte Seidenstraße aus China, auf welcher die kostbaren Seidenwaren aus dem fernen chinesischen Osten nach dem römischen Westen transportiert wurden. Dieser Transithandel war übrigens eine der größten Einkunftsquellen der Parther[32].

Ein anderer Verkehrsweg, der das parthische Mesopotamien mit entlegenen Ländern in Verbindung brachte, war der Seeweg nach Indien und Ceylon[33].

Von den Hafenstädten des parthischen Vasallenkönigtums Characene-Mēshan liefen die großen und kleinen Indienfahrer aus. So wird Mēshan im „Lied von der Perle" mit Recht der Ort genannt, der „der Sammelpunkt der Kaufleute des Ostens" war (v. 18). In Spasinou Charax haben wir wahrscheinlich den Hafen zu sehen, wo sich nach den Thomasakten der Apostel Thomas einschifft, um nach Indien zu reisen (*Acta Thomae* Kap. 2–3)[34]. Wichtig ist es, daß diese Reise nach dem Nordwesten Indiens

[31] Für die letzterwähnten Dispositionen in babylonischer Zeit vgl. *Salonen*, Nautica Babyloniaca, S. 33–40.

[32] Für den östlichen Handel vgl. CAH VII, S. 155ff. mit Karte, für die Seidenstraße *Hermann*, Die alten Seidenstraßen zwischen China und Syrien, S. 1–26; Das Land der Seide und Tibet im Lichte der Antike, S. 4,8,101ff., 107ff., 116ff.; *Charlesworth*, a.a.O., S. 102ff.

[33] Vgl. im allgemeinen *Charlesworth*, a.a.O., S. 67–73.

[34] Die geographischen Verhältnisse werden in den Thomasakten reichlich undeutlich geschildert. Man könnte leicht auf den Gedanken kommen, daß der indische Kaufmann und Thomas direkt von Jerusalem aus nach Indien mit dem Schiff reisen! Vgl. was *Charpentier*, KÅ XXVII/1927, S. 41 sagt, wo auch er annimmt, daß Thomas von der Euphratmündung aus nach Indien segelt. Der Beitrag *Westmans* in der Holmqvist-Festschrift ist nur eine populäre Zusammenfassung, die nichts Neues ergibt. Für Charax vgl. *Charlesworth*, a.a.O., S. 102, 261. Indien wird in parthischer Zeit deutlich als parthisch betrachtet, so in Chronicon Ps.-Dionysianum vulgo dictum, CSCO, Script. syr. III, T. 1 Versio, p. 122, Textus p. 162, wo gesagt ist, daß der Apostel Thomas das Apostolat unter den Parthern angenommen hatte. Im Gegensatz zu seiner (hier als bekannt vorausgesetzten) Wirksamkeit wird nun von dem Christianisierungswerk unter den „inneren" Indern erzählt. In den Thomasakten, Kap. 1 wird aber gesagt, daß Indien dem Apostel Thomas zugefallen war. Für den Verfasser der Chronik stand also fest, daß der Apostel in den parthischen Provinzen von Indien seine Missionstätigkeit ausgeübt hatte.

führte, zum Reich des parthischen Königs Gundofarr. Diese Route zwischen dem Westen des parthischen Kulturgebietes und dem fernen Südosten der von den Parthern abhängigen Herrschaften war gewiß um diese Zeit – die erste Hälfte des 1. nachchr. Jahrhunderts – besonders bedeutsam für den indisch-mesopotamischen Verkehr. Aus der Zeit um etwa 200 Jahre später finden wir eine neue berühmte Fahrt von Südmesopotamien aus nach Indien, nämlich Manis Indienreise, die – wie wir nunmehr wissen – zur See unternommen wurde[35], sich aber eigentlich nur bis Makrān und Tūrān erstreckte (M 48 Verse = APAW 1904, IX S. 87). Bei der Rückreise hielt sich Mani in Mēshān auf, ist aber nicht direkt dorthin gelangt, sondern auf einem Umweg, vielleicht immer noch zu Schiff aus Fārs (vgl. M 47 a. a. O. S. 82ff. und verschiedene Stellen in den koptischen Kephalaia[36].

Durch den regen Verkehr und Handel bezogen die Parther dank dem hohen Zoll an verschiedenen Zollstationen große Einkünfte; vgl. *Isidor von Charax*, Stationes Parthicae § 6, wo wir die parthische Bezeichnung eines Zollhauses kennen lernen, *bāzīgrabān*[37].

[35] Vgl. *Puech*, Le manichéisme, Paris 1950, S. 130 Anm. 176 mit dem Verweis auf Kephalaia S. 184:23; 185:16; *Honigmann – Maricq*, Recherches sur les RES GESTAE DIVI SAPORIS, S. 24ff.

[36] Vgl. auch das Textzitat aus Kephalaia bei *Schmidt-Polotsky*, Ein Mani-Fund, S. 47, 49.

[37] *Isidor* spricht von Βαζιγράβαν, ὅ ἐστι τελώνιον. Dies ist *bāzīgrabān*, somit der parthische Terminus technicus, eigtl. „Abgabeergreifen", vgl. *Hübschmann*, Pers. Stud., S. 269. Im Npers. ist eben *bāǰbān* der Zolleinnehmer, vgl. *Horn*, Grundriß, No. 148. Noch besser vergleicht man *bāǰgīr* (mit derselben Bedeutung).

III. Kunst und Architektur

Durch diesen regen Verkehr zwischen Ost und West wurde Mesopotamien ein Transitland nicht nur für Waren, sondern auch für Menschen und Ideen. Innerhalb Mesopotamiens selbst verbreiteten sich natürlich mit den parthischen Beamten, Feudalherren und Kaufleuten – vielleicht auch Priestern – parthische Sitte und parthische Mode. Wie gewöhnlich im kulturellen Austausch ist diese Tatsache am leichtesten im äußeren Benehmen festzustellen. Parthisch wurde plötzlich à la mode. Dieser parthische Kultureinfluß ist bisher in den Randgebieten am deutlichsten hervortretend. So finden wir in Palmyra, das ja wegen seines Karawanenhandels mit dem parthischen Reichsgebiet in lebhafter Verbindung gestanden hat, daß während dieser Epoche der parthische Stil in solchem Ausmaß die herrschenden Moden in der reichen Wüstenstadt geprägt hat, daß Palmyra bis jetzt unsere beste Quelle für die Kenntnis der parthischen Kleidung und Bewaffnung geblieben ist[38]. Es dürfte wohl einleuchtend sein, daß dieser parthische Einfluß durch die politisch-ökonomischen Verbindungen verursacht wurde. Wir wissen ja tatsächlich, daß die Palmyrener in Spasinou Charax ihre Handelsinteressen wahrten und schätzten[39]. Zwischen Palmyra und Südmesopotamien war also der Verkehr sehr rege. Diese Aktivität seitens Palmyras ist uns in der Hafenstadt Phorat auch inschriftlich belegt[40]. Palmyra erscheint während dieser Zeit als ein Randgebiet des parthischen Kulturbereiches.

Was sich von selbst versteht, ist, daß die Könige von Osrhoene und Characene auf ihren Münzen ganz wie ihre parthischen Oberherren gekleidet und mit Tiara geschmückt auftreten[41]. Ebenso sehen wir in Hatra den parthischen Vasallenfürsten in seinen hinterlassenen Portraitskulpturen ganz wie seinen Souverän abgebildet[42]. In Dura hat selbstverständ-

[38] *Seyrig*, Syria 18/1937, S. 4–31; vgl. JRS XL/1950, S. 7, wo er hervorhebt, daß sich die Höherstehenden nicht römisch kleideten, auch nicht einmal seitdem der politische Einfluß des Partherreiches vorüber war. Für die iranische, zumal die parthische Reitertracht, wie sie auch von Nicht-Iraniern getragen wurde, vgl. *Widengren*, Some Remarks on Riding Costume and Articles of Dress among Iranian Peoples in Antiquity, bes. S. 241–254.; vgl. hier Fig. 1.

[39] *Starcky* a.a.O., S. 74 mit Hinweis auf Inventaire X 38: König Mihrdāt in Characene vertraut die Verwaltung seiner Distrikte einem Palmyrener an, ferner Inventaire X S. 95 betr. Charax.

[40] *Starcky* a.a.O., S. 74 mit Hinweis auf CIS II, S. 78.

[41] Für Osrhoene vgl. *Hill* a.a.O., Pl. XIIIf., XVI; für Characene *Hill* a.a.O., Pl. XLV.; vgl. hier Fig. 2–4.

[42] ILN 17/11, 1951, S. 806f. Fig. 5–6. = hier Fig. 5.

lich während der Partherzeit die iranische Mode die Sitten der Stadtbevölkerung, vor allem aber die der Garnison, geprägt[43]. Die neugefundenen Mosaiken aus Edessa ergeben dasselbe Bild[44].

Zum besonderen parthischen Lebensstil gehört die altbewährte Form der iranischen Erziehung, so etwa wie sie Herodotos für die altmedische und altpersische Periode geschildert hat (Herodot I 136). Reiten und Bogenschießen waren die militärischen Tugenden, die die Parther als Krieger auszeichneten. So ist es kein Wunder, daß der vornehme Palmyrener Maqqai als parthischer berittener Bogenschütze abgebildet wird[45]. So finden wir auch in Edessa, daß der von iranischen, vermutlich parthischen Eltern geborenen, aber syrisch schreibenden Bardesanes (mit semitischem Namen!) sich am syrischen Hof Abgars IX. als Bogenschütze auszeichnen konnte (Julius Africanus PG X 45[46].

Die Graffiti und Malereien von Dura-Europos zeugen auch davon, daß Reiten und Bogenschießen im Krieg und auf der Jagd Lieblingsbeschäftigungen sowohl an diesem Ort wie an anderen parthischen Ortschaften gewesen sind[47].

Die Kunst ist in Mesopotamien während der Partherzeit verschiedenen Einflüssen ausgesetzt gewesen; unter diesen war der parthische nicht unbeträchtlich.

Aufschlußreich für die Architektur, besonders die der Paläste und Tempel, wie auch für die architektonische Ausschmückung sind solche mesopotamischen Städte wie Uruk, Seleukia, Assur und Hatra[48]. Eine

[43] Über den parthischen Einfluß in Dura im allgemeinen vgl. *Rostovtzeff*, Caravan *Cities*, S. 156ff., 170ff.; Yale Classical Studies V/1935, S. 195–299.

[44] Vgl. ILN 21/2 1953, S. IV gegenüber S. 287, obere Hälfte = hier Fig. 6. Vgl. auch die neuesten Funde, die *Segal*, Archaeology, 12/1959, S. 151—157 publiziert hat.

[45] *Starcky* a.a.O., S. 46; *Seyrig*, AS III, S. 174. Vgl. *Widengren*, a.a.O., S. 243 Fig. 8. Das Denkmal Maqqais ist hier Fig. 7 abgebildet. Für Adiabene in frühsasanidischer Zeit vgl. AM 2, S. 444:3 und für die parthische Periode im Allgemeinen AZ §§ 104f.

[46] Der Text ist zu lesen mit den Änderungen von *Hilgenfeld*, Bardesanes, S. 14 Anm. 6 und *Gutschmidt*, Geschichte des Königreiches Osroëne, S. 36 Anm. 1, vgl. *Schaeder*, ZKG LI/1932, S. 30 Anm. 11. Zum Thema der ritterlichen Erziehung vgl. auch *Widengren*, Recherches sur le féodalisme iranien, S. 175 mit Anm. 4.

[47] *Rostovtzeff*, Dura and the Problem of Parthian Art, Yale Classical Studies V/1935, Fig. 56, 64, 71, 82–85.

[48] Für die parthische Tempelarchitektur vgl. *Rostovtzeff* a.a.O., S. 205ff.; *Hopkins*, Berytus VII/1942, S. 1–18; A Survey of Persian Art, I, S. 413–422 (*Reuther*) handelt von hellenistischen und orientalischen Elementen in der parthischen Architektur und S. 435–439 von der Tempelarchitektur.

reinliche Scheidung aber zwischen iranischen, semitischen und griechischen Formelementen ist hier immer noch schwierig.

Leichter zu greifen ist die spezifisch parthische Kunst mit ihren Leistungen auf den Gebieten der Skulptur und des Reliefs. Und wiederum sind es die Randgebiete, wo wir die vielleicht am klarsten ausgeprägten Erzeugnisse dieser parthischen Kunst finden. Für die charakteristische Mischung von hellenistischen, semitischen und iranischen Stilelementen und ikonographischen Motiven bietet Dura ein sehr instruktives Beispiel, welches von *Rostovtzeff* meisterhaft analysiert ist[49]. Aber auch Palmyra, Kommagene und Hatra sind als parthische, mehr oder weniger offizielle Dependancen in dieser Hinsicht von Bedeutung[50]. Für die Portraitkunst dieser Zeit bietet auch die Numismatik wichtiges Material, insbesondere was die Münzen von Osrhoene und Characene für unser Thema betrifft. Zum Verständnis des Kulturkontaktes liefert auch die Kleinkunst einiges.

Über die parthische Wandmalerei in Mesopotamien belehrt uns eigentlich nur Dura-Europos, wo sowohl die Synagoge als auch die Kirche und das Mithraeum sehr wichtig und aufschlußreich sind. Umso wertvoller ist für uns jetzt das Mosaik aus Edessa[51].

Es versteht sich von selbst, daß wir – wie bereits erwähnt – in dieser mesopotamischen Architektur und Kunst die semitischen und iranischen Elemente nicht immer auseinanderhalten können. Viel leichter ist es, bei einer stilkritischen Analyse die griechischen Einflüsse auszusondern. Als Arbeitshypothese aber kann gelten, daß solche Stilelemente oder ikonographischen Motive, die sich entweder später während der sassanidischen Epoche vollkommen durchsetzen oder die früher in der altpersischen oder skythisch-sarmatischen Kunst besonders stark hervortreten, doch als echt iranisch zu gelten haben. Im allgemeinen kann man sagen, daß sich *Rostovtzeff* von solchen Überlegungen hat leiten lassen, obwohl er seine Prinzipien nicht mit diesen Worten formulierte[52].

[49] *Rostovtzeff* a.a.O., S. 203ff.

[50] Für Palmyra *Starcky* a.a.O., S. 125ff.; für Kommagene *Rostovtzeff* a.a.O., S. 193; *Sarre*, Die Kunst des alten Persien, S. 26f.; A Survey of Persian Art, I, S. 408f.; für Ḥatra ist nur einiges Material, aber keine Analyse publiziert in ILN 17/11, 1951, S. 806ff. Die bedeutende Monographie von *Ingholt*, Parthian Sculptures from Ḥatra, ist in erster Linie der religionsgeschichtlichen Deutung gewidmet. Einige allgemeine Bemerkungen finden sich aber auf S. 46.

[51] Vgl. oben S. 14, Anm. 44.

[52] *Rostovtzeff* a.a.O., S. 165ff. betont, daß wir neben der großköniglichen Kunst der Achämeniden, die in ihrem innersten Wesen politisch war, eine andere Kunst im Achämenidenreiche finden, die das religiöse und soziale Leben Irans widerspiegelt.

Von solchen Erwägungen ausgehend, läßt sich wohl bezüglich der Architektur, die ja selbstverständlich stark von der alten vorderorientalischen Bautechnik, sowie deren Bauplänen bestimmt bleibt, so viel sagen, daß der Iwanbau für die iranische Bauart etwas so Konstitutives darstellt, daß man dieses architektonische Charakteristikum als einen spezifisch iranischen, näher bestimmt: parthischen Beitrag zur mesopotamischen Palastarchitektur bezeichnen muß[53].

Das parthische Element in der Skulptur und in der Reliefkunst tritt in Palmyra mehr in der die ganze Kunst prägenden Lebenshaltung und in

Die Bedeutung des „Tierstiles" für diese nationale Kunst Irans wird hervorgehoben. Die manchmal vernachlässigte Verbindung zwischen der altpersischen und der skythisch-sarmatischen Kunst wird unterstrichen. *Rostovtzeff* setzt voraus, daß dieselben Verhältnisse auch die parthische Kunstentwicklung bedingt haben. So müssen wir also mit einer großköniglichen Kunst der Parther rechnen, daneben aber auch mit der Kunst des sozialen und religiösen Lebens der iranischen Gesellschaft. Vom methodischen Gesichtspunkt aus ist wichtig, daß *Rostovtzeff* so entschieden die tatsächliche Einheit der iranischen Kunst in parthischer Zeit unterstreicht. Er kann gewiß ikonographische Motive und Stilzüge in den entlegendsten Teilen des iranischen Kulturgebietes wiederfinden.

Die gegen die Methode und Resultate *Rostovtzeffs* von gewissen Forschern erhobenen Einsprüche sind einem Iranisten nicht einleuchtend, können aber hier nicht diskutiert werden. Wir begnügen uns mit dem Verweis auf zwei Repräsentanten der beiden entgegen einander stehenden Richtungen: gegen *Rostovtzeff* vor allem *Pillet*, Revue des études grecques XLIX/1936, S. 472–475, und ebenso entschieden für *Rostovtzeff* vor allem *Hopkins*, Berytus III/1936, S. 1–30. Für die Qualität der Kritik *Pillets* vgl. unten S. 20, Anm. 71. Es handelt sich hier um die Existenz einer selbständigen parthischen Kunst. Eine solche scheint auch *Mary Morehart* verneinen zu wollen, vgl. Berytus XII/1956–57, S. 53–83, esp. S. 82: "We know next to nothing about Parthian art in the first century before Christ and can only surmise its character, but there is nothing to indicate that Parthian art had anywhere developed a strong originality of its own by the first century before Christ. Even in the first centuries of our era, the monuments called Parthian do not reflect a well-defined style, some pieces follow a plastic Greek tradition, while others follow an Oriental linear tradition." Wir glauben, daß die von uns hier angeführten Tatsachen diesem reichlich apodiktischen Urteil widersprechen, und hoffen, in der Zukunft ausführlich auf diese Frage eingehen zu können. Vorläufig verweisen wir auf die Ausführungen von *D. Schlumberger*, Syria 35/1958, S. 378–389.

[53] Vgl. was *Rostovtzeff* a.a.O., S. 171 von der Palastarchitektur sagt: "Everything leads us to assume that they represented an innovation in the history of architecture and that, in general, the Sassanians developed the new ideas of the Parthian architects without adding much of their own." Diese Behauptung gilt u. E. von dem Verhältnis zwischen parthischer und sassanidischer Kunst überhaupt, ja gilt wenigstens anfangs für das ganze kulturelle und soziale Leben. Wir müssen hier bedenken, daß die Sassaniden eigentlich nur ziemlich unbedeutende Provinzdynasten waren, die dank dem Verfall des Partherreiches emporkommen konnten. Aus einer Provinzstadt wie Istaxr sind wahrhaftig keine großen Neugestaltungen auf künstlerischem oder überhaupt kulturellem Gebiet zu erwarten.

den treuen ethnographischen Details als in bestimmten Stilelementen hervor. Die Kunst ist von den parthischen Lebensidealen stark beeinflußt, selbst aber nicht ganz parthisch, sondern hellenistisch-vorderorientalisch-parthisch[54]. In Dura dagegen treten die parthischen Stilelemente, wie *Rostovtzeff* gezeigt hat, noch stärker zutage. Es bleibt hier jedoch noch vieles unsicher, weil wir eine reinliche Scheidung zwischen semitisch und iranisch nicht so leicht vornehmen können[55].

In den Reliefskulpturen von Kommagene ist das iranische Stilelement neben dem hier sehr starken hellenistischen leicht bemerkbar, wie ein Vergleich z. B. mit der palmyrenischen Kunst sogleich lehrt. Die ikonographischen Motive sind hier in Kommagene eindeutig iranisch: die Verherrlichung des Königs und seine Investitur durch die Gottheit sind weit mehr iranisch als hellenistisch gedacht. Der Stil ist hier noch mehr als in Palmyra steif-hieratisch; die ethnographischen Details treten noch mehr in den Vordergrund, weil sie hier – wie z. B. in der Königstracht – eine wichtige symbolische Bedeutung innehaben[56].

Noch urwüchsiger sind Skulptur und Reliefkunst in Hatra, wobei jedoch zu bedenken ist, daß wir es hier wahrscheinlich mit den Erzeugnissen einer lokalen Provinzkunst zu tun haben. Besonders in den Kultreliefs tritt ein rauher Zug hervor, den man versucht ist, mit der alten Kunst der Bergvölker in Verbindung zu bringen. Die handelnde Gottheit auf dem Schlangenrelief erinnert an einen „skythischen" Schamanen; jedoch kann in diesem Falle Bodenständiges sich bemerkbar machen[57]. Gewisse

[54] *Starcky* a.a.O., S. 127.

[55] Nur selten heben sich der griechisch-babylonische und der parthische Typus mit solcher Deutlichkeit voneinander ab wie in dem von *Rostovtzeff* a.a.O., S. 186f., analysierten Fall (vgl. die Abbildung bei *Sarre*, a.a.O., Pl. 65).

[56] *Rostovtzeff* a.a.O., S. 193 unterstreicht stark, daß in Kommagene der Nachdruck auf ethnographische, politische und religiöse Details gelegt wird, während der menschliche Körper negiert ist. Das letzte scheint mir doch ein etwas zu starker Ausdruck zu sein. Über *Rostovtzeff* hinaus möchte ich auch den offiziellen, königlichen Charakter dieser kommagenischen Kunst hervorheben. Schon die monumentale Anlegung dieser Felsreliefs und Skulpturen macht es deutlich, daß wir hier vor dem gleichen Typus wie dem der achämenidischen, parthischen und sassanidischen Felsreliefs stehen, offenbar einem provinziellen Ableger der parthischen Hofkunst wie dem etwas mehr urwüchsigen „rauhere" Typus in Elymais, worüber man die Abbildungen bei *Henning*, Asia Major, II/1951–52, S. 151ff., Pl. I–XX vergleichen kann. Für Kommagene vgl. auch *Goell* a.a.O., (vgl. oben S. 5, Anm. 5).

[57] Vgl. ILN 17/11, 1951, S. 807 Fig. 10 = hier Fig. 8. Für Haartracht und Gesichtstypus vgl. Fig. 10 (Münze eines parthischen Königs). Man wird hier gern an die im nordwestlichen Iran heimischen Typen iranischer Religion denken, wie Zervanismus und Mithraskult, wo auch die finsteren Züge des Daseins und der Gottheit be-

typische Schmucksachen wie die Medaillons, die das Oberkleid zusammenhalten und die auch in der Königstracht von Kommagene auftreten, bekunden die iranischen Einschläge[58], desgleichen die gesamte Haltung sowie die Ausschmückung der Königsskulpturen[59].

Die Münzen von Osrhoene und Characene sind von Münzmeistern geprägt, welche in den parthischen Traditionen geschult sind und darum ebenso wie die parthischen Münzmeister die seleukidische Technik übernommen haben, wenn sie auch mit der Zeit dem iranischen Element mehr Raum zubilligen[60]. Interessant ist es zu beobachten, daß der Königskopf aus Hatra eine deutliche Übereinstimmung mit der Portraitkunst der parthischen Münzprägung erkennen läßt[61].

Die Kleinkunst, Gemmen und geschnittene Steine, setzt ebenso die klassischen wie die semitischen und die iranischen Traditionen fort und weist einen großen Reichtum an Motiven und Stilelementen auf[62]. Das

jaht werden (vgl. einstweilen *Widengren*, Hochgottglaube im alten Iran, UUÅ 1938:6, S. 100ff., 144, 297ff., 316ff.; Stand und Aufgaben, S. 115ff.; *Benveniste*, The Persian Religion, S. 73f.). Rein ikonographisch ist die Haltung der Gottheit (frontal abgebildet) dadurch gekennzeichnet, daß sie in der einen Hand Schlangen hält, während sie in der anderen eine Axt schwingt. Die frontal abgebildete Gottheit (mit Gesicht in Profil), die in der einen Hand ein Tier hochhält und in der anderen eine Axt schwingt, ist aber ein beliebtes Motiv in diesen Gegenden seit den Tagen der Bergvölker (vgl. *Götze*, Hettiter, Churriter und Assyrer, S. 90ff.; *Moortgat*, Die bildende Kunst des Alten Orients und die Bergvölker, Berlin 1932). Für den Schlangenkultus in diesen nördlichen Gegenden vgl. das, was in Armenien über den König Pap als einen Anbeter der Deven erzählt wurde (*Markwart*, Südarmenien und die Tigrisquellen, S. 138f. wo *Markwart* hervorhebt, daß Pap sie „eine Inkarnation des Dämonenkönigs Aždahāk" betrachtet wurde). Die armenische Volkstradition von den Deven als Schlangen gehörten offenbar mit dem Višap-Kultus in Armenien zusammen.

Die dargestellte Gottheit ist indessen sicherlich eine mesopotamische, wahrscheinlich Nergal, wie *Ingholt* (a.a.O., S. 34) ausführlich entwickelt hat. Zugleich hat *Ingholt* ganz richtig an Ahriman (und Hades) erinnert, vgl. unten S. 23 Anm. 83.

[58] Vgl. ILN 17/11, 1951, S. 806 Fig. 8 mit *Sarre* a.a.O., Pl. 57 und hier Fig. 9. Vgl. auch *Ingholt* a.a.O., S. 24.

[59] Vgl. ILN 17/11, 1951, S. 806f. Fig. 4–6 = hier Fig. 5 die vollkommen parthische Tiara, die so oft auf den parthischen Münzen zu finden ist, vgl. *Morgan*, Numismatique de la Perse antique, Paris 1927, S. 211, wo solche Kopfbedeckungen abgebildet sind.

[60] *Morgan* a.a.O., S. 213 notiert, daß erst mit Mithradates II die Tiara abgebildet wird; allgemeine Betrachtungen über den iranischen Charakter dieser Portraitkunst bei *Rostovtzeff* a.a.O., S. 174f.

[61] Man braucht nur solche Münzen, wie die in Survey of Persian Art IV, S. 141 G–L, P–T; S. 144 H, N publizierten zu vergleichen; vgl. hier Fig. 11a–b.

[62] Für die Kleinkunst vgl. *Rostovtzeff* a.a.O., S. 174 Anm. 18 und S. 176; ferner *McDowell*, Stamped and Inscribed Objects from Seleucia on the Tigris, Ann Arbor 1935, S. 225. Die von *Rostovtzeff* a.a.O., S. 174 Anm. 18 erwähnte Stockholmer

rein parthische Element ist nicht immer leicht greifbar, tritt aber in der Portraitkunst, in Jagd-, Pferde- und Kampfdarstellungen, deutlich hervor[63]. In diesem Fall sind die rein mesopotamischen Traditionen sehr stark gewesen, und eben darum finden wir auf diesem Gebiet viele alte sumerisch-semitische Motive und Stilelemente[64].

Sehr plastisch treten die parthischen Sonderzüge auf den Wandmalereien und Zeichnungen, sowie den Graffiti von Dura vor unsere Augen.

Eine Menge von rein iranischen Motiven und Stilelementen haben hier *Rostovtzeff* und sein Schüler *Hopkins* herausgearbeitet[65]. Das Frontalitätsgesetz, die verschiedenen Arten von fliegendem Galopp, die Tiere in den Jagddarstellungen, in sogenanntem „Network" disponiert – dies alles sind längst bekannte iranische Elemente der parthischen Kunst in Mesopotamien. Ergänzend können wir einige eigene Beobachtungen hinzufügen. Da sind etwa die typische Haltung des Bogens und der Lanze bei den jagenden oder kämpfenden Reitern, die eigentümliche Beinhaltung bei dem spielenden „Orpheus" mit den Tieren und der Drachenhelm eines Fußsoldaten.

Die ersten drei Beobachtungen betreffen die Stilanalyse, während das letzte Detail nur mehr „ethnographisch", aber doch von grundlegender

Sammlung von parthischen geschnittenen Steinen ist nunmehr veröffentlicht und analysiert von *von der Osten*, Ethnos 1952, S. 158–216.

[63] *Rostovtzeff* verweist a.a.O., S. 176 eben auf die Darstellung eines galoppierenden Reiters. Die von *Hedin* erworbenen Stockholmer Steine zeigen im allgemeinen mehr abgerundete Formen, stammen aber sicherlich aus Ostiran (jedenfalls das Gros) und dürften sowohl von der griechisch-baktrischen wie auch von der Gandhāra-Kunst beeinflußt sein (so auch *von der Osten*, a.a.O., S. 175).

Für die Kleinkunst sind die bekannten Terrakotta-Statuetten von Reitern auch für die parthische Periode sehr beleuchtend. Für die Portraitkunst in kleinem Format vgl. die typisch parthischen Knochenschnitzereien bei *Rostovtzeff* a.a.O., Fig. 31. Er selbst vergleicht a.a.O., S. 190 ein Graffito aus Dura, *Cumont*, Fouilles, Texte, S. 267ff., Atlas XCIX. Ich muß aber gestehen, daß ich hier nichts finde, was als „strikingly similar" zu bezeichnen wäre. Im Gegenteil, beinahe alles ist verschieden.

[64] Zu konstrastieren ist die Körperhaltung der Göttin bei *Rostovtzeff* a.a.O., Fig. 12 und 12a, die ja seit altersher im Vorderen Orient als „la déesse nue" bezeichnet wird, mit dem ganzen neuen, steifen, linearen, vergeistigten („spiritual") Stil, worin das alte ikonographische Motiv nunmehr seinen Ausdruck findet. Daß daneben die alten Stilelemente, bisweilen stark hellenisiert, noch immer fortleben, ist selbstverständlich (vgl. das Material bei *van Buren*, Clay Figurines of Babylonia and Assyria, Daneben kommen ausgesprochen iranische Stilelemente vor (z.B. ist Fig. 81–82 die Reiterin ganz in parthischem Stil mit frontaler Körperhaltung abgebildet; das Pferd ist wie in Dura parthisch-sassanidisch aufgezäumt).

[65] Für Wandmalereien, Zeichnungen und Graffiti aus Dura vgl. *Rostovtzeff* a.a.O., S. 242–288; *Hopkins*, Berytus III/1936, S. 1–30. Für die allgemeinen stilistischen Gesetze vgl. *Cumont*, Fouilles, S. 145–157.

Bedeutung ist, weil der „Drache“ im sozialen und religiösen Leben der Parther eine bedeutsame Rolle gespielt hat und weil wir eben aus Ostiran, dem Heimatland der Parther, einen solchen Drachenhelm kennen[66]. Noch einige weitere und, wie es scheint, bisher übersehene „ethnographische“ Details: Die Helme auf einer Synagogenfreske haben vielleicht die eigentümliche ostiranische Form mit Volute am Vorderteil[67], der Köcher am Pferd in der Mordekai-Szene[68] ebenso wie auch in der Saul-David-Szene[69], hat ebenso wie das aus Tigerfell gemachte Bogenfutteral, welches dicht am Köcher liegt, das Aussehen, wie es im fernsten Ostiran anzutreffen ist[70], – diese Form ist also nicht eine jüngere! Niemand kann daher bezweifeln, daß wir in diesen Fällen vor echt parthischen, ostiranischen Modellen stehen. Die Sachkenntnis von *Pillet*[71], der eine „inspiration parthe“ in Dura „rare“ findet und es wenig später sogar fertig bringt, die Existenz einer besonderen parthischen Kunst zu bezweifeln, bekommt durch diese Beobachtung eine vielleicht nicht unerwünschte Beleuchtung, besonders wenn wir bedenken, daß *Rostovtzeff* als ein besonderes Merkmal dieser parthischen Kunst das starke ethnographische Interesse einleuchtend hervorgehoben hat!

Und nun zu den drei Stilbeobachtungen! Der Bogen wird auf den Darstellungen so gehalten, daß von ihm nur die obere Hälfte über dem Pferdekopf sichtbar wird und zwar so, daß die den Pfeil auf den Bogen legende Hand auf dem Nacken des Pferdes zu ruhen scheint[72]. Das Pferd

[66] Vgl. *von der Osten* a.a.O., S. 165, Fig. 3 und die Beschreibung S. 187. = hier Fig. 12–13.

[67] Vgl. *Sukenik*, Bet hakkeneset šæl Dura-Ebropos, Jerusalem 1947, Fig. 43 obere rechte Ecke; bei *von le Coq*, Bilderatlas zur Kunst und Kulturgeschichte Mittelasiens, S. 13 vermerkt und Fig. 72, 77 abgebildet, = hier Fig. 14 *Hempel*, ZAW 69/1957, S. 118, 130 verteidigt den römischen Typus des Helmes und findet in diesem Falle keinen Volutenhelm. Diesen glaube ich wie früher in Palmyra zu finden, vgl. *Schlumberger*, La Palmyrène du Nord-Ouest, Pl. XXXI 1, 3–4 = hier Fig. 15–16; XXXVII 1 = hier Fig. 17, mit der Beschreibung: „casque, orné de volutes“, a.a.O., S. 73.

[68] Vgl. *Sukenik* a.a.O., gegenüber S. קיב untere Hälfte = hier Fig. 18. Vgl. auch *Widengren*, Quelques rapports, Pl. II a und S. 209; *du Mesnil du Buisson*, Les Peintures, Pl. LI; *Kraeling* a.a.O., Pl. LXIV.

[69] Vgl. *du Mesnil du Buisson* a.a.O., S. 104, Fig. 74 = hier Fig. 19. Vgl. auch *Widengren* a.a.O., Pl. II b und S. 209; *Sukenik* a.a.O., S. קמח, Fig. 54; *Kraeling*, The Synagogne, Pl. LXXIII.

[70] Bei *von le Coq* a.a.O., S. 21 besprochen und Fig. 65 abgebildet, = hier Fig. 20.

[71] *Pillet* a.a.O., S. 473.

[72] *Hopkins* a.a.O., Pl. VII 2, 3; VIII 1; *Rostovtzeff* a.a.O., Fig. 56, 71, 79, 84–85; vielleicht auch Fig. 63.

ist nach rechts gewendet; Gesicht und Oberkörper des Reiters sind nach dem Frontalitätsgesetz dem Zuschauer zugewandt. Man kann auf diese Weise die wirkliche Form des Bogens gar nicht ahnen. Eben diese Haltung kehrt auf den sassanidischen Silberschalen sowie auf den Felsreliefs von Taq i Bostan wieder und ist als so konventionell zu betrachten, daß sich Beispiele erübrigen.

Betreffs der Lanzenhaltung haben wir zwei Typen zu vermerken. Ein gutes Beispiel des einen Typs finden wir in einer Freske der Synagoge zu Dura[73]. Zwei lanzenbewaffnete Reiter, die sich im Zweikampf begegnen, drehen den Oberkörper dem Zuschauer zu, derjenige rechts jedoch den Kopf nicht so stark. Daß die Speere quer über die Taille gehalten werden, hat zur Folge, daß der rechte Reiter den Speer in der linken Hand trägt, was natürlich unrealistisch sein muß und sich nur aus künstlerischer Konvention erklären läßt. *Du Mesnil Du Buisson*[74] hat die niedrige, horizontale Lanzenhaltung mit der auf den südrussischen, sarmatischen Grabmalereien verglichen und zugleich hervorgehoben, daß wir es hier mit der typisch parthisch-persischen Zweikampfdarstellung zu tun haben. Die eigentümliche, wenig zweckmäßige Haltung erkläre sich aus dem Fehlen des Steigbügels. *Du Mesnil Du Buisson* erklärt also diese antike Haltung im Gegensatz zur mittelalterlichen durch den unsicheren Sitz des Reiters, der einen wirklichen „charge" nicht zugelassen habe. Ob diese Erklärung in allem das Richtige trifft, bezweifle ich. Auch ohne Steigbügel kann ein trainierter Reiter einen festen Sitz erwerben, der ihm die gleiche Lanzenhaltung wie mit Steigbügel ermöglichen würde. Soviel wage ich aus eigener Erfahrung zu sagen.

Der zweite Typ der Lanzenhaltung[75] ist von ganz anderer Art: Das Pferd ist im „galop volant" nach rechts gerichtet, der vom rechten Arm geführte Speer wird oberhalb des Pferdekopfes gehalten, und in dieser, offenbar mit linker Stoßrichtung gedachten Haltung wird gestoßen. Auch diese Haltung kehrt oft in der parthisch-sassanidischen Kunst wieder[76].

[73] Vgl. *Kraeling* a.a.O., Pl. LV; *Sukenik* a.a.O., Fig. 42 die Schlacht zwischen Israeliten und Philistäern = hier Fig. 21. Eine ähnliche Darstellung findet sich bei *Lefebure des Noettes*, L'attelage, Illustrations, Fig. 251.

[74] *Du Mesnil Du Buisson* a.a.O., S. 73.

[75] Findet man z.B. bei *Hopkins* a.a.O., Pl. V 1; *Rostovtzeff* a.a.O., Fig. 83.

[76] Vgl. z.B. *Sarre* a.a.O., Pl. 82–83. Nur durch einige Mitteilungen von General *B. Henke* bin ich zum richtigen Verständnis dieser Lanzenhaltung gekommen. Vgl. Beigabe II.

Auch über die Haltung der Pferde ließe sich manches sagen, da auch sie zeigt, daß hier eine typische iranische Konvention nachwirkt. Ein Vergleich mit einer baktrischen Silberschale ist besonders instruktiv. *Hopkins*[77] beschreibt die Haltung des Pferdes auf gewissen Erzeugnissen der westlichen parthischen Kunst folgendermaßen: Der entfernte Vorderfuß befindet sich *über* dem entfernteren Hinterfuß, aber *unter* dem näheren Fuß, was eine merkliche Übereinstimmung ergibt. Der Fuß des Reiters ist mit der Spitze nach unten gerichtet[78]. Die von *Hopkins* gegebene Beschreibung[79] stimmt beinahe in allen Details mit der baktrischen Silberschale überein mit dem einzigen Unterschied, daß sich die Knie in einer Linie mit dem Bauch des Pferdes befinden. Die Modellierung der Schulter des Pferdes ist in beiden Fällen auffallend. Es ist kein Zweifel daran möglich, daß wir hier vor einer echt iranischen Tradition stehen, wie *Hopkins* sagt, der aber diese baktrische Schale nicht analysiert hat.

Der spielende „Orpheus" (David) sitzt mit weit geöffneten Knieen und mit einander genäherten Fersen, was die Haltung des thronenden Herrschers auf sassanidischen Darstellungen ist[80]. Auch in diesem Falle sehen wir also, wie eine parthische Stileigentümlichkeit in der sassanidischen Kunst wiederkehrt genau wie in allen anderen, bisher erwähnten Fällen. Auffallend bleibt jedoch, daß bei den Herrscherdarstellungen in Dura diese Haltung nicht derart streng stilisiert auftritt; denn die Füße werden hier mehr auseinandergehalten.

Das Motiv des „flatternden Mantels" des Reiters wird in Dura in verschiedener Weise behandelt. Eine merkliche Ausgestaltung, wobei der Mantel vom Wind gebläht in weichen Wellen nach hinten flattert, sieht man auf der Saul-David-Szene[81]. Eine Übersteigerung eben dieses Typus findet sich auf den sassanidischen Felsreliefs.

Die ikonographischen Motive sind dann und wann ausgesprochen iranisch, so z. B. die Magier in den Wandmalereien des Mithraeums; der reitende Jäger Mithras mit dem flatternden Mantel; Pharao, der an einer

[77] *Hopkins* a.a.O., S. 14.

[78] Vgl. *Sarre*, Die Kunst des alten Persien, Pl. 115 = hier Fig. 22.

[79] *Hopkins* a.a.O., S. 14.

[80] Diese Haltung tritt bei *du Mesnil du Buisson* a.a.O., Pl. XXIII nicht deutlich hervor. Besser steht es bei *Sukenik* a.a.O., Fig. 32, aber in Wirklichkeit noch mehr markiert, wie aus von ihm in Uppsala gezeigten Lichtbildern ersichtlich war, vgl. auch *Kraeling* a.a.O., Fig. 59 = Fig. 23. Für die sassanidischen Darstellungen vgl. *Sarre* a.a.O., Pl. 144.

[81] Bei *Sukenik* a.a.O., Fig. 54 = *du Mesnil du Buisson* a.a.O., Pl. XLV 1 = *Kraeling* a.a.O., Pl. LXXIII = hier Fig. 19.

Wand der Synagoge ganz wie der parthische Großkönig gekleidet auf seinem Thron sitzend erscheint; der persische Adler, der auf den Reliefskulpturen von Hatra sichtbar wird. Vor allem aber gehören hierher die Investiturszenen in Kommagene – um nur das Wichtigste zu nennen[82].

In der Ikonographie werden auch Zeichen eines mesopotamisch-iranischen Synkretismus deutlich sichtbar. So treten auf einem Kultusrelief aus Hatra, das wir bereits besprochen haben, ausgesprochen mithraistische Tiere wie Skorpione, (Wölfe ?) und Schlangen auf[83]. Der gemischte iranisch-mesopotamische Hintergrund der Mithrasmysterien scheint also durch diese Kultusreliefs aus Nordmesopotamien eine willkommene Bestätigung zu bekommen, d. h. konkret geworden zu sein[84].

Reizvoll zu beobachten ist es, wie die jüdische Synagoge in Dura uns in ihren Wandmalereien die beste Einführung in die parthische Kunst dieser Zeit gibt und also dadurch zu einem ausgezeichneten Beispiel für den iranisch-semitischen Kulturkontakt wird. Hier erwähnen wir ganz besonders die Tracht des Hohenpriesters, die mit der sakralen Tracht des

[82] Die Magier sind publiziert bei *Rostovtzeff* a.a.O., Fig. 76–77; Excavations, Seventh and Eighth Seasons, Pl. XVI–XVII; *Bidez & Cumont*, Les Mages hellénisés, Paris 1938, I Pl. 1 = hier Fig. 24. Der reitende Jäger Mithras bei *Rostovtzeff* a.a.O., Fig. 79; Excavations, Pl. XIV–XV = hier Fig. 25. Pharao (ganz wie Ahasverus hier Fig. 26 als parthischer König dargestellt) *du Mesnil du Buisson* a.a.O., Pl. LIII = *Kraeling* a.a.O., Pl. LXVIII. 1; *Sukenik* a.a.O., Pl. S. 23 gegenüber, obere Hälfte; *Widengren*, Quelques rapports, Pl. III rechts; Excavations, Sixth Season, Pl. XLVIII. Der Adler erscheint auf den Medaillons des Gottes in Hatra, ILN 17/11, 1951, S. 806 Fig. 8 (*Ingholt* a.a.O., Pl. VI 2) ganz in derselben Weise wie auf den Reliefs aus Kommagene, vgl. hier Fig. 9. Die Investiturszenen aus Kommagene sind bequem zugänglich bei *Sarre* a.a.O., Pl. 56 vgl. hier Fig. 27. Ein sehr gelungenes Photo bei *von der Osten*, Die Welt der Perser, Pl. 91.

[83] ILN 17/11, 1951, S. 807, Fig. 10–11 = hier Fig. 8 und Fig. 28. Man vergleiche die Schlange auf dem Boden unter dem reitenden Mithra in Dura mit der Schlange in derselben Position unter dem reitenden Gott (Mithras aus Hama bei *Rostovtzeff* a.a.O., Fig. 42, und für diesen Reitergott wiederum den reitenden Gott aus Dura bei *Rostovtzeff* a.a.O., Fig. 40, beides Reliefs. Die letztgenannte Darstellung ist dadurch gekennzeichnet, daß wir hier die typische, schon erwähnte iranische Kombination von Köcher und Bogenfutteral finden; vgl. oben S. 28 Anm. 68–69. Ein fester iranischer, näher bestimmt wohl parthischer Typus des reitenden Mithra hat sich in Syrien als religiöser Skulpturtypus verbreitet. Vgl. ferner *Ingholt* a.a.O., S. 24, wo er den Gott, in dessen Gefolge die betr. Tiere auftreten, als Nergal-Ahriman-Hades bestimmt und auf die Verbindung der Schlange und des Skorpions mit Ahriman hinweist. An die Mithrasmysterien hat er doch nicht gedacht. Für den Wolf vgl. Cumont.

[84] Vgl. unten S. 51ff.

iranischen Herrschers genau übereinstimmt[85]. Die Vorsteher der Synagoge haben wohl ganz unbefangen einen lokalen Künstler – ob jüdisch oder nicht, lassen wir dahingestellt – die Malereien so ausführen lassen, wie dieser eben die Motive gestalten wollte[86].

[85] Vgl. *Widengren*. Quelques rapports, S. 212 und Fig. 7 (dort eine nicht ganz korrekte Nachzeichnung); *Kraeling*, a.a.O., Fig. 41 (S. 127) = hier Fig. 29 und Pl. LX = hier Fig. 30 verglichen mit Fig. 31 (= *Herzfeld*, Am Tor von Asien, Pl. XLII, XLIV, XLIX, Beschreibung S. 92).

[86] *Du Mesnil du Buisson*, RB 43/1934, S. 109–118, 559–563 unterscheidet auf Grund stilistischer Beobachtungen nicht weniger als vier Künstler, vgl. auch Les Peintures, S. 150ff. Bemerkenswert ist, mit welcher Exaktheit – wie wir angedeutet haben – die rein iranischen Details hier wiedergegeben sind (so auch *Du Mesnil du Buisson*). Tatsächlich wissen wir nun, daß iranische, oder jedenfalls iranische Namen tragende Künstler in Dura und Syrien überhaupt tätig waren, wie aus ihren Signaturen hervorgeht. Dagegen vertrat *Cumont*, Fouilles, Texte S. 227, die Meinung daß die Maler und Mosaikarbeiter Einheimische waren, dies allerdings vor den weiteren Entdeckungen in Dura. Auf jeden Fall waren die Künstler in den parthischen Traditionen wohl geschult, was aus ihrer lebensnahen Exaktheit deutlich hervorgeht. Die Frage der Nationalität der Künstler wird auch von *Kraeling* diskutiert, vgl. a.a.O., S. 380f.

IV. Die sprachlichen Verhältnisse

Mehr noch als die Kunst hatte die iranische Sprache schon in der achämenidischen Periode einen beträchtlichen Einfluß auf die semitischen Idiome der Untertanen des Imperiums ausgeübt. Vor allem gilt dieses natürlich für die aramäische Kanzleisprache der iranischen Großkönige, das sogenannte Reichsaramäisch[87]. In der parthischen Periode steigert sich diese Tendenz, wenn auch die Rolle des Reichsaramäischen wohl allmählich von den lokalen aramäischen Dialekten übernommen wird. Die parthischen Großkönige haben anscheinend vor allem griechisch und parthisch geschrieben, später vielleicht auch lateinisch[88]. Bei ihren Untertanen in Mesopotamien treten aber neben Griechisch vor allem gewisse aramäische Dialekte in den Vordergrund. Nun beginnt die neue große Periode des Aramäischen[89]. In Mesopotamien kommen im Norden vor allem das edessenische Syrisch, im oberen Babylonien das sogenannte talmudische Aramäisch, im unteren Babylonien der von den Mandäern gebrauchte Dialekt der Landschaft Mēshān als literarisch ausgebildete Dialekte auf. Im Westen tritt das sogenannte Palästinisch-Syrische als ein in Syrien vorherrschender Dialekt hervor[90]. Alle diese verschiedenen Dialekte weisen mehr oder weniger starke Spuren einer Einwirkung des iranischen Wortschatzes auf. Das gleiche trifft für die mittelhebräische Sprache zu.

Eine vermittelnde Rolle zwischen der parthischen Sprache und den

[87] Vgl. darüber *Schaeder*, Iranische Beiträge, I, S. 199–212 mit den nötigen Einschränkungen; vgl. *Messina*, L'antico arameo, Miscellanea Biblica II/1934, S. 85f. (S. 20ff. des Separatdruckes).

[88] Die parthische und griechische Sprache bewahren noch unter den ersten Sassaniden ihre Stellungen in den Inschriften (vgl. die große Inschrift Šāpūrs I). Die Münzlegenden der Arsakiden sind während etwa 200 Jahre ausschließlich griechisch, um dann zweisprachig zu werden, d. h. auch eine Pahlavilegende zu bekommen. Bei den vielen Verhandlungen mit den Römern wäre es nicht erstaunlich, wenn die Arsakiden einige Kanzleibeamte gehabt hätten, die Lateinisch lesen und schreiben konnten. Vgl. was *Tarn*, CAH IX, S. 591 sagt: „Doubtless some Parthian nobles and governors knew Greek, Crassus' opponent Surenas spoke Latin", mit Hinweis auf Plutarchus, *Crassus*, 30.

[89] Vgl. *Dupont-Sommer*, Les araméens, S. 110ff. *Rosenthal*, Die aramaistische Forschung seit Nöldeke, S. 74ff. behandelt die dialektmäßige Zugehörigkeit der aramäischen Ideogramme in Pahlavi. Auch Aramäisch hat übrigens eine gewisse offizielle Stellung gehabt.

[90] *Dupont-Sommer*, La doctrine gnostique de la lettre „Waw", S. 78 tritt für ein relativ hohes Alter des „christlich-palästinischen" oder „palästinisch-syrischen" Dialektes ein – aus sehr beachtenswerten Gründen.

aramäischen Dialekten Mesopotamiens scheint das Armenische gespielt zu haben[91].

Es gibt nur wenige Vorstudien, welche die iranischen Lehnwörter im Aramäischen unseren heutigen Kenntnissen entsprechend behandeln. So hat *Telegdi* die iranischen Lehnwörter im Talmud-Aramäischen gesammelt, aber nicht immer die Möglichkeit ausgenutzt, eine reinliche Scheidung zwischen parthischen und mittelpersischen Lehnwörtern durchzuführen. Er betont hauptsächlich die Schwierigkeiten eines solchen Unternehmens, gibt aber doch als Probe eine Liste gewisser Worte, die nach ihm als parthische – oder jedenfalls als nicht mittelpersische – Worte zu betrachten sind[92].

Unter solchen Vokabeln finden wir – die Liste *Telegdis* ergänzend – Verwaltungstermini wie מרזבנא (Markgraf), אנדיסק (Musterungsschreiber), פרהגבנא (Polizeichef) und זנדנקנא (Gefängniswächter). Es scheint uns typisch, daß diese vier Bezeichnungen parthisch sind. Ferner begegnen wir Bewaffnungstermini wie זיין (Bewaffnung), זרדא (Kürasse) und קומרא (Gürtel). Hinzu treten Utensilien wie זגא (Glocke) und טשטקא (Becher), chemische und botanische Ausdrücke wie זרניק (Arsenik), זיהרה (Gift), אספידקא (Bleiweiß), und זרגון (Weinrebe); dann noch gewisse abstrakte Begriffe wie אהמרא (Rechnung), דשנא (Gabe), זן (Art), זיינא (Schaden), פרדשנא (Vergeltung), und רזא (Geheimnis). Wie *Telegdi* richtig bemerkt, finden wir aber die meisten dieser Worter als parthische Lehnwörter auch im Mittelpersischen und können daher nicht wissen, ob sie vielleicht nur indirekte parthische Lehnwörter sind, d. h. ob sie unmittelbar nicht aus dem Parthischen, sondern aus dem Mittelpersischen entlehnt wurden[93]. Aus dem Parthischen stammen sie aber sicher in den Fällen, wo zwei verschiedene Lautformen im Mitteliranischen vorhanden sind, eine parthische und eine mittelpersische, im Talmud-Aramäischen aber das Lehnwort viel besser mit der parthischen als mit der mittelpersischen Form übereinstimmt. So haben wir z. B. in אושפיזנא (Gasthaus) ein parthisches Lehnwort zu sehen, was *Telegdi* entgangen ist[94]. Sehr bedeutsam ist die überzeugende Schlußfolgerung *Telegdi's*, daß der größte und wichtigste Teil der irani-

[91] Dieses Problem erfordert eine Spezialuntersuchung, die wir hier nicht geben können.

[92] *Telegdi*, JA 226/1935, S. 223.

[93] *Telegdi* a. a. O., S. 222f. Für *andēsak*, ein Wort das als Lehnwort nicht erkannt war, vgl. *Widengren*, Recherches sur le féodalisme iranien, S. 155f., wo der iranische Ursprung aufgezeigt wurde. Unten S. 95 wird auch נחשירכנא behandelt.

[94] *Widengren*, ZRGG 4/1952, S. 111.

schen Lehnwörter im Talmud-Aramäischen aus der vorchristlichen Zeit stammt[95], also ein bedeutender iranischer Kultureinfluß auch von persischer Seite aus.

Eine entsprechende Sammlung und Sichtung der iranischen Lehnwörter im Edessenisch-Syrischen und im Mandäischen, den neben dem Talmud-Aramäischen wichtigsten aramäischen Dialekten Mesopotamiens, gibt es noch nicht. Als Vorstudien in einer solchen Untersuchung sind die nachfolgenden Ausführungen zu betrachten.

In den Thomas-Akten nimmt das Lied von der Perle eine einzigartige Stellung als ein Dokument parthischer Gnosis[96] ein. Hier finden wir nicht nur eine ungewöhnliche Menge iranischer Lehnwörter, sondern auch so manchen Ausdruck, der als Lehnübersetzung zu betrachten ist.

Zuerst aber die Lehnwörter, die man als im Parthischen beheimatet betrachten kann[97]. Vor allem begegnen wir hier einigen parthischen feudalen Termini, nämlich *vāspūr* („Prinz"; eigentlich die zweite Feudalklasse), *parwānqā*, („Bote"; eigentlich der aufwartende Page oder Dienstmann, der „vor", *parvān*, seinem Gefolgsherrn steht, im Mittelparthischen darum *parvānag*[98] und zuletzt dem rätselvollen Terminus ܦܕܠܪܒ, der aber allgemein in ܦܕܫܚܒ emendiert wird. Im Lied von der Perle v. 15 bezeichnet das Wort ganz sicher „den Zweiten" als staatsrechtlicher Terminus. Wir kennen tatsächlich aus der hellenistischen Zeit die große Rolle, die das durch diesen Ausdruck bezeichnete Amt gespielt hat[99]. Als parthische Institution kennen wir dieses Amt aus dem nach parthischen feudalen Prinzipien organisierten Armenien, P'awstōs Biwzandaçi V[100].

[95] *Telegdi* a. a. O., S. 220.

[96] Vgl. *Widengren* a. a. O., S. 105ff.

[97] Die schon angeführten Vorbehalte haben natürlich auch in diesem Fall ihre volle Gültigkeit. Als parthisch sind im folgenden solche Wörter bezeichnet, die entweder wegen der anerkannten Lautgesetze dialektmäßig als parthisch zu betrachten sind, oder solche, die bisher (nur) in parthischen Texten belegt sind.

[98] *Widengren* a. a. O., S. 108 Anm. 37.

[99] Vgl. *Volkmann*, Philologus 92, 1937–38, S. 285–316.

[100] P'awstos Biwzandaçi ed. Venedig 1933, S. 258 Z. 3 v. u. „und (Manuel machte) den Valaršak zum Zweiten nach ihm" (dem König Aršak), *ew zValaršak erkrord nmin*. Vgl. ferner die folgenden Stellen bei Moses Xorenaçi (II 68): „Dessen Sohn Aršak, der der Große genannt wurde, ... setzte seinen Bruder Valaršak zum Könige der Armenier ein, indem er ihn zu seinem Zweiten machte" (*erkrord iwr afnelov*). Dieser, „der Zweite" genannte Würdenträger besitzt als Bezeichnung seiner Würde den sog. zweiten Thron (II 47): „Er gibt auch dem tapferen und edlen Manne Argam den versprochenen zweiten Thron" (*tay ew afnn ǩajin ew patuakanin Argamay zxostaçeal gahn erkrordakan*). Vgl. auch II 51: „Und nahm selbst die Würde eines Zweiten ein" (*ink'n afnu zerkrordut'iwn*). Die von *Volkmann* a. a. O.,

In Edessa war dieser Titel ebenfalls bekannt, wie aus der *Doctrina Addai* ersichtlich ist[101]. Das syrische Lehnwort ܦܨܓܪܝܒ dürfte auf ein parthisches Wort *pašāgrīv*, das in den manichäischen Texten belegt ist, zurückgehen[102].

S. 311 vermißte Bezeichnung als Amtstitel ist wohl im Lied von der Perle, v. 15 anzutreffen, wo von dem Bruder des Prinzen als „deinem Bruder, unserm Zweiten", ܬܪܝܢܢ, gesprochen wird. Denn in v. 48 wird von „deinem Bruder, unserm ܦܨܓܪܝܒܐ" gesprochen und dieses Wort ist doch sicher ein Terminus technicus für „den Zweiten" in staatsrechtlichem Sinn, vgl. die nächstfolgende Anm.

[101] Hier in Doctrina Addai ed. *Phillips*, S. ܠܘ, 10 wird wiederum der Titel „der Zweite" verwendet, ܬܪܝܢܐ ܕܡܠܟܘܬܗ.

[102] Das Wort ܦܨܓܪܝܒܐ fordert eine mehr ins Einzelne gehende Behandlung, da die Verhältnisse nicht so ganz klar sind.

Die in Estrangela, graphisch gesehen, ganz geringfügige Emendierung von ܦܨܚܪܝܒ in ܦܨܓܪܝܒ wird durch die entsprechende Schreibung ܦܨܓܪܝܒܐ in Eusebs Theophanie ed. *Lee*, S. ܠܗ, 8 gesichert. Der Vorschlag von *Hoffmann* bei *Gressmann*, Studien zu Eusebs Theophanie, S. 70f., die Lesung ܦܨܚܪܝܒ zu behalten und als „freie Etymologie von κληρονόμος" zu erklären, nämlich als „der, dem das Los, der Anteil der Herrschaft verbürgt ist", operiert mit zu vielen Unbekannten, um überhaupt ernst genommen zu werden.

Die Lage wird durch das Emportauchen dieses Wortes auch in den neuen aramäischen Inschriften aus Hatra etwas kompliziert. Von dem Herausgeber wird dieser Terminus als Eigennamen verstanden; aber das kommt wohl daher, daß er an das entsprechende syrische Wort nicht gedacht hat, jedenfalls diese Möglichkeit nicht diskutiert. Wir finden dort zwei verschiedene Schreibungen: *pšgrb'* und *pzgryb'*, vgl. Sumer IX/1953, S. 19f., Inschriften No. 28 und No. 36. Diese Schreibungen zeigen, daß ein Wort *pš/zgryb'* gemeint ist. Im Lied von der Perle haben wir die Schreibung *pṣgryb* (mit Emendierung = Eusebs Theophanie). Nun kennen wir sowohl *š* als *z* in den Pahlavischreibungen als Wiedergabe des parthischen Lautes *ž*. Wertvoll ist, daß wir also sowohl *ṣ* als *z* als *š* nur als verschiedene Versuche, *einen* Laut wiederzugeben, zu verstehen haben.

Wir wissen, daß im Mir. ursprüngliches *č* im Parth. sowohl als *č* als *ž* oder als *z* auftreten kann, vgl. *Tedesco*, Dialektologie, S. 191f., ferner daß das Zeichen für *z* auch *ž* bezeichnen kann, und schließlich, daß im Parth. *ž* oft mit *š* wiedergegeben wird. Nun wäre es gewiß möglich das Schriftbild *pšgrb* oder *pzgryb'* oder *pṣgryb* als eine Wiedergabe von einem ursprünglichen Wort **pačgriβ* zu deuten. Denn dieses Wort könnte sein Element *pač-* entweder bewahrt haben, wobei *č* in regulärer Weise mit *ṣ* = ܨ wiedergegeben wurde, so im syrischen Worte ܦܨܓܪܝܒ, oder *č* in *pač-* könnte sich laut gewöhnlichen parthischen Lautgesetzen zu *ž* entwickeln, das entweder mit dem Zeichen für *š* geschrieben wird und also in Hatra in dem Worte פשגרבא vorliegt, oder auch mit dem Zeichen für *z*. Dieser *ž*-Laut kann sich aber zu *z* entwickeln, eigtl. eine SW-Entwicklung aber auch in parthischen Texten belegt, *Tedesco* a.a.O. S. 192 *paδvāz* < *paδvāč*, in Hatra wohl in der Schreibung פזגריבא belegt. Aus einem hypothetischen **pačgr̆īβ* < **patigr̥ba* lassen sich also alle drei Schreibungen, mit denen wir zu tun haben, leicht erklären. Wir können somit mit den drei Formen *pačgr̆ībā, pažgr̆ībā* und *pazgr̆ībā* rechnen. Wir erinnern in

Unter den übrigen zahlreichen iranischen Lehnwörtern in dem Lied von der Perle haben wir bereits früher *qarkednā* (Chalzedon), *ešpezzā* (Gasthaus) und *aparsān* (Ratschluß) vermerkt[103].

Daneben kommen nun aber auch die Lehnübersetzungen in Betracht

diesem Zusammenhang an das indische Wort *gṛbhà* und das Verbum *prati-grabh-*, was einem air. *pati-gṛb-* entsprechen würde.

Ein Wort **pačgriβ* ist bisher nicht im Parthischen belegt. Dagegen findet sich das entsprechende Verbum im Soghdischen, *pcγrβ* wo es „entgegennehmen" bedeutet, vgl. *Benveniste*, SCE, v. 369. Es läge dann eine semantische Parallele zu διάδοχος vor. Gegen diesen Vorschlag spricht, daß das parthische Wort noch nicht in den Texten aufgetaucht ist.

Eine andere Möglichkeit wäre, an das tatsächlich existierende parthische Wort *pašāgrīv* zu denken (vgl. *Henning*, BBB, S. 98 c 43). Das Armenische wäre dann vielleicht als Vermittler zu betrachten, weil wir dort einen Übergang *š* > *č* (wie auch *s* > *c*) in den iranischen Lehnwörtern antreffen. Wir haben schon erwähnt, daß das syrische Zeichen ܓ̰ in der Estrangela (auch der manichäischen) den Laut *č* wiedergibt. Gegen diesen Vorschlag spricht, daß *b* als Wiedergabe für *v* doch etwas befremdlich wirkt, obgleich nicht ohne Präcedenz denn wir haben z. B. für *parvār* die Schreibung פרבר anstatt פרור, vgl. *Telegdi*, JA 226/1935, S. 252, 113, der aber richtig bemerkt ב „en regard de *v* iranien est irrégulier". Ferner ist im Armenischen der Übergang in iranischen Lehnwörtern von *š* zu *č* gar nicht regelmäßig und endlich lassen sich auf diese Weise die drei oben wiedergegebenen Schreibungen nicht erklären sondern eigentlich nur die in der syrischen Estrangela, also ܦܓ̰ܓܪܝܒ. Man könnte darum die Hypothese aufstellen, daß *pačgrīβ* die eigentliche Form ist, von der auszugehen ist, die sich später zu *pažgrīβ*, möglicherweise auch zu *pazgrīβ* entwickelte. Andererseits ist doch *b* in postvokalischer Stellung als Bezeichnung des Halbvokales *u̯* gar nicht so ungewöhnlich. Nachdem das oben ausgeführte geschrieben war haben sich sowohl *Gershevitch*, JRAS 1954, S. 124–127, wie *Maricq*, Syria XXXII/1955, S. 275 über das betr. Wort geäußert. Der erste, der das Material aus Hatra offenbar nicht kennt, hat sich für die Etymologie *pašāgrīv* entschieden ohne eine andere Möglichkeit zu diskutieren. Den Lautübergang *š* > *č* erklärt er mit Hinweis auf entsprechende Erscheinungen in den modernen Dialekten. Der andere, der auch die Hatra-Inschriften heranzieht, nicht aber das hier gebotene armenische Material, schlägt auch die Etymologie *pašāgrīv* ohne Bedenken vor. Keiner von den erwähnten Forschern scheint den wichtigen Aufsatz *Volkmanns* zu kennen.

Ich habe doch die zwei alternativen Lösungen zur Diskussion stellen wollen, so wie mir die Problemlage in 1953 erschien, als ich mein Manuskript zum ersten Mal fertigstellte. Ich gebe aber zu, daß ich vielleicht die phonetischen Schwierigkeiten einer Entwicklung *pašāgrīv* > *pačagrīβ* ∼ *pazagrīβ* überschätzt habe. Jedenfalls habe ich auf ein Problem hinweisen wollen, nämlich die lautlichen Veränderungen, und zwar die Palatalisierung, betr. gewisse iranische Lehnwörter im Armenischen.

[103] ZRGG 4/1952, S. 111. Das Wort *aparsān* will ich nunmehr zu parthisch *s'n'dn*, prs.st. *s'n-*, kaus. „kommen lassen" zu *sn-* stellen. Dieses Verbum ist aber mit *abar* belegt, *MirM* III, Gloss. 61 [906] b, vgl. JA 228/1936, S. 204. Neupers. *barsān*, „Leute von derselben Religion" ist vielleicht hierher zu stellen, wenn man es als „Leute von demselben Entschluß" („Übereinkunft") fassen darf.

als Beweis für parthischen Kultureinfluß. So finden wir in demselben Gedicht nicht nur den König der Könige, sondern auch die Könige und Häupter von Parϑav und ebenso die Großen des Ostens samt den gewöhnlichen Edelleuten erwähnt, alles den mitteliranischen feudalen Verhältnissen vollkommen entsprechend[104]. Am Ende des Liedes wird das Wort *pālḥē* gebraucht, das mitteliranisch *parastakān* (sassanidisch) und *parxāštārān* (parthisch) entspricht[105]. Dieses Wort *pālḥē* wird auch sonst oft in den Thomas-Akten verwendet, bezeichnenderweise in typisch feudaler Umgebung, nämlich im Reiche des parthischen Gundofarrs[106].

Dieser feudalen Sprache entsprechend finden wir auch in der *Doctrina Addai* die *pālḥē* gebraucht, ebenso wie *ḥērē* (Adelige) und *raurḇānē* (die Großen)[107]. Einige von diesen Hofleuten hatten übrigens iranischer Sitte zufolge das Recht, vor dem König mit gebeugten Knien zu sitzen[108]. Daß das Wort für Palast das alte iranische, auch von den Parthern gebrauchte *apaḏnā* ist und die fürstliche Kopfbedeckung des edessenischen Königs das aus dem Parthischen stammende *ḥaudā*, erwähnen wir nebenbei[109].

[104] *Widengren* a. a. O., S. 107–109. Es fällt auf, daß die ältere Form Parϑav, nicht die jüngere Pahlav hier bewahrt ist.

[105] *Widengren* a. a. O., S. 108, wo das parthische *parxāštārān* nachzutragen ist. Vgl. die Behandlung bei *Widengren*, Recherches sur le féodalisme iranien, S. 84, 86f.

[106] Diese Verwendung von *pālḥē*, das ja eigentlich „Verehrer" bedeutet, ist auffallend. Semantisch entspricht es also vollkommen den iranischen Ausdrücken. Schon in *Evangelion daMfarrᵉšē* wird *esṭratiōṭā* also ein griechisches Lehnwort, verwendet. In Peschitta braucht man *pālḥā* Acta 10, 7, aber dieses ist eine Ausnahme, denn auch hier kommt sonst *esṭratiōṭā* zur Anwendung.

Für östliche Einflüsse in den *Oden Salomos* spricht laut *Gressmann*, ZNW XX/1921, S. 35, das in Ode Sal. 23 gebrauchte Bild von dem Rad (nach ihm indisch) und von der Tafel (nach ihm chinesisch). Das Rad ist aber *Aogemadaēča* § 81 belegt, und die Tafel spielte jedenfalls als astronomische Tafel, *zīk*, eine Rolle in der mp. Literatur, vgl. *Nyberg*, Texte zum mazdayasnischen Kalender, UUÅ 1934: 2, S. 68 und mit Hinweis auf *Nallino*, علم الفلك, Rom 1911, S. 43, 181ff. Vgl. für diese Frage ferner *Widengren*, Muhammad, the Apostle of God, S. 142ff.

[107] *Doctrina Addai* ed. *Phillips*, S. ܣܝ : 19 *pālḥē*; ܘܗ : 13, ܘ : 5, ܣܝ : 9 usw. *ḥērē*; ܓ : 3f. *raurḇānau wᵉḥērau*. Das Wort *pāqōḏā* ܣܝ : 18, ܠܒ : 12f. entspricht ziemlich gut mp. *framānkar*, wie *ḥērē* = *āzātān* und *raurḇānē* = *vazurgān*, beides mp. Termini. Das Wort *rēšā* S. ܠܒ : 12f. entspricht parth. *sarδār*.

[108] *Doctrina Addai* Übers. S. 6f. *Rostovtzeff* hat diese Stelle einleuchtend mit einem Genrebild – dem mit einem Vertrauten ratpflegenden König – auf einem geschnittenen Stein verglichen, vgl. RAA 7/1931–32, S. 207 mit Pl. LXII d und *Seminarium Kondakovianum* VI/1933, S. 165 Anm. 3.

[109] *Doctrina Addai* braucht mehrmals *apaḏnā*, das ja das ap. Wort *apadāna* ist, später aber auch als parthischer Terminus belegt ist, *MirM* III, Glossar. Dieses Wort scheint in Edessa die gewöhnliche Bezeichnung des königlichen Palastes ge-

Der Terminus für den öffentlichen Sprecher, den Herold, *kārōzā*, ist übrigens auch iranisch, findet sich aber schon im Reichsaramäischen[110]. Unser bereits gewonnener Eindruck des starken iranischen Einflusses im parthischen Vasallenkönigtum Edessa verstärkt sich indessen durch diese Beobachtungen.

Es gibt selbstverständlich noch eine Menge von iranischen Lehnwörtern im Syrischen, von denen man mit mehr oder weniger Sicherheit behaupten kann, daß sie aus der Sprache der parthischen Herren Mesopotamiens stammen. Um unnötige Wiederholungen zu vermeiden, behandeln wir aber die mit dem mandäischen Dialekt gemeinsamen Worte im Zusammenhang mit einer Musterung der parthischen Lehnwörter im Mandäischen (Beigabe I).

Wir wollen hier nur eine Aufzählung einiger älterer Lehnwörter geben, wahrscheinlich parthischen Ursprungs, die bisher in dieser Arbeit noch keine Erwähnung fanden.

Wir möchten also die Aufmerksamkeit auf die folgenden Lehnwörter richten: ܢܘܗܕܪܐ (Satrap), ܒܝܣܦܢܐ (Postbote), ܒܝܣܦܩܐ (Postkutsche), ܦܣܝܒ („defectus juris"), ܐܘܙܢܐ (Teich, Taufbecken)[112].

wesen zu sein, denn es kommt in dieser Bedeutung auch in der sog. Edessenischen Chronik oft vor. Das Wort *ḥaudā* findet sich in *Doctrina Addai* ed. *Phillips*, S. ܠܒ : 13, ܠܗ : 5, „die Seidenkleider und die Kopfbedeckungen des Königs" S. ܢܐ : 18, 21. Dieses Wort ist auch parthisch belegt als *xōδ*, *MirM* III, Glossar. Es ist ein Lehnwort auch im Talmudaramäischen und *Telegdi* a. a. O., S. 222f. sagt mit Recht, daß das aramäische Wort ja das altiranische *xauda-* wiedergeben kann und also nicht notwendig parthisch ist. Immerhin ist es auffallend, daß die Form parthisch ist und das Wort aus den parthischen Texten belegt ist. Wenn aus älterer Zeit übernommen hat wohl das Wort doch wegen seiner parthischen Verwendung eine größere Verbreitung gefunden. Das gleiche gilt prinzipiell von *apadnā*. In der entsprechenden Stelle bei Moses Xorenaçi II 34 wird dasselbe parthische Lw. im Armenischen, d. h. *xoyr*, verwendet

[110] *Doctrina Addai* ed. *Phillips*, S. ܫ : 1 *kārōzā*. Die richtige Erklärung dieses Wortes wurde von *Schaeder* a. a. O., S. 254 [56] gegeben.

[112] Das Wort ܒܝܣܦܢܐ kommt AM II, S. 628, 10 und *Bedjan*, Histoire de Mar Jabalaha, S. 224 vor. *Brockelmann*, Lexicon Syriacum, S. 81b sagt: „(pers. ?) nuntius, veredarius", weiß also damit nichts anzufangen. *Peeters*, Studi e Testi 125/1946, S. 87 Anm. 45 wollte sogar das Wort in das wohlbekannte *dēspān*, also ܕܝܣܦܢܐ, ändern. Es ist aber das parthische *bayaspān*, das früher in **bay-dēspān*, Götterbote, königlicher Herold, umgeändert wurde, vgl. *Stackelberg*, WZKM XVII/1903, S. 49f.; *Bartholomae*, ZsasR V S. 31. *Herzfeld*, Altpersische Inschriften, S. 96f. hat aber gezeigt, daß wir als Basis ein medisches Wort **dvai-aspāna* anzusehen haben, das sich im Parthischen nach dem bekannten Lautgesetz zu *bayaspān* entwickelt, während es mpers. zu *dayaspān* > *dēspān* wird. Das Wort ist also

Dagegen wollen wir hier einige Worte über den iranischen Einfluß in dem palmyrenischen Dialekt des Aramäischen sagen. Wenn man den großen iranischen Einschlag in der Kunst bedenkt, ist man am ehesten

der parthische Terminus technicus für den königlichen, reitenden Postboten, für den Kurier. Das syrische ܒܝܣܦܢܐ gibt also genau diesen Verwaltungsterminus.

Mit diesem Wort hängt das Wort ܒܝܣܦܩܐ eng zusammen. Auch dieser Terminus kommt bei *Bedjan*, Histoire de Mar Jab Alaha, vor. *Peeters*, a. a. O., S. 110 Anm. 125 wollte natürlich auch dieses Wort emendieren und als ܕܝܣܦܩܐ lesen, also das bekannte *dēspak*. *Brockelmann* hat das Wort nicht mit ܒܝܣܦܢܐ registriert. *Herzfeld* a. a. O., hat auch dieses Wort richtig erklärt unter Verweis auf Rūmi. *Mathnavī* I 1450: *du-aspah*. *Bailey*, Zoroastrian Problems, S. 46f., der wichtige Supplierungen und Verbesserungen zu *Herzfeld* gibt, ist es gelungen, in *Frahang ī oīm* K 20 79 v 3 [illegible] als *bayaspāk* zu identifizieren. Dieses parthische Wort geht also auf **dvai-aspaka* zurück, das in mpers. *dēspak* wird, und bezeichnet die Postkutsche. In der *Vita* des Mār Abā wird der Wagen, auf dem seine Leiche zu der Kathedrale in Kōkhē gebracht wird, als ܒܝܣܦܩܐ bezeichnet. Im Talmud-Aramäischen wird aber die mpers. Form, also דיספק, verwendet (nicht registriert von *Telegdi*, aber von *Peeters* a. a. O., notiert).

Da diese zwei Worte anscheinend nicht im Syrischen – außer, wenn sassanidische Verhältnisse berührt werden – zur Anwendung kommen, kann man sich fragen, ob sie in der aramäischen Sprache Mesopotamiens lebendig waren, besonders, da ja das Talmud-Aramäische die mpers. Form gebraucht. Die parthischen Formen könnten ja aber später von den mittelpersischen verdrängt worden sein. Aber ihre Verbreitung wird sowohl durch ihre Existenz als Lehnwörter im Syrischen als auch durch ihr Vorkommen in der mitteliranischen Literatur bezeugt.

āuzānā, *wāznā*, ܘܙܢܐ, ܐܘܙܢܐ.

mir. *āβzan*; sogd. *''pznph*, V. J. 63 e, Ufer; npers. *ābzan*, Cisterne; armen. *awazan*, „Wasserbehälter, Teich, Badewanne, Taufbecken", *Hübschmann*, Armen. Gramm., S. 111: 77. Vgl. schon *Lagarde*, GA, S. 10:12, wo das syrische Wort als iranisches Lehnwort erklärt wurde. Für das syrische Wort vgl. ferner *Brockelmann*, Lex.Syr., S. 8 a und S. 184 b. Vgl. auch Trans. Philol. Soc. 1945, S. 4. Das Wort ist im Syrischen schon früh belegt, es kommt vor in den Thomasakten als Bezeichnung für das Taufbecken, Kap. 27; vgl. ferner AM 3, S. 347, 6; *Pognon*, Inscriptions, S. 80:4. Das Vorkommen des Wortes schon in den Thomasakten und als Lehnwort in alten armen. Texten bezeugt den parthischen Ursprung. Es bleibt auffallend, daß dieses parthische Wort in die älteste liturgische Sprache der syrischen Christen aufgenommen wurde.

pasnāδ, ܦܣܢܕ

mir. *pasnāδ*, „hinter dem (rechten) Maße sich befindend", vgl. *Brockelmann*, Lex.Syr., S. 582 a, wo als Beleg *Sachau*, Syrische Rechtsbücher, 3, 12, 25 geboten wird. Als iranisches Lehnwort bei *Brockelmann* notiert. Die Form ist parthisch, aber das Wort ist nur in der sassanidischen juristischen Sprache belegt, kann also nicht als ein parthisches Lehnwort im Syrischen betrachtet werden. Es verdient aber hier vermerkt zu werden, da es ja doch aus der parthischen juristischen Terminologie stammen kann.

erstaunt, so wenige zu finden. Bisher sind nur die folgenden Wörter zu verzeichnen:[113]

ארגפטא (Stadtgouverneur)

אדרונא (Cella)

מהרקרין (Beschwörer [nach *Benveniste*])

פדיברה (Bote [vgl. unten S. 95]).

Dazu kommen ungefähr zehn Eigennamen, darunter so wohlbekannte Parthernamen wie Artabān, Mihrdād und Worōd[114].

Wenn wir damit die Liste der griechischen und lateinischen Wörter und Eigennamen vergleichen, so wird der Unterschied zwischen Palmyra und den parthischen Vasallenstaaten in Mesopotamien recht auffallend. Wir befinden uns in Palmyra offenbar am Rande des parthischen Einflusses.

Die Schwierigkeiten beim Herausarbeiten der parthischen Lehnwörter im südbabylonischen Aramäischen, also im Mandäischen, sind die gleichen wie im Talmud-Aramäischen, also Nordbabylonischen. Mit allem Vorbehalt geben wir die folgende Liste, die als ganz vorläufig zu betrachten ist:

Natur:

אנגוזא (Walnuß), אנשירא (Feige), דישתא, דאשת (Ebene), וארדא (Rose), מארגאניתא (Perle), סיאו (schwarz), בילור (Beryll) זיהירא (Gift), עתאפסראמכא ("Ocimum Basilicum").

Körper, Körperteile und Schmuck:

האנדאמא (Glied), הימיאנא (Gürtel), קומרא (Gürtel), פאנדאמא (Mundtuch), תאגא (Krone), באסתירקא (Kleid).

Menschliche Handlungen:

Essen: פאלודא (Süßgericht), אנאפוקא (ungemischt [Wein]).

Wohnen und Mobilar: ברגודא (Vorhang), שאדארואן (Vorhang), סראדקא (Zeltdach), שפינזא (Gasthaus), שראגא (Lampe), שאמוכתא (Kerze), גאואזא („Ochsenstachel"), אואנא (Quartier).

טאשטא (Schale), זאנגא (Glocke, זואנאך (Zunge [an der Waage]).

פאתיכרא (Idol).

nūhadrā, ܢܘܗܕܪܐ

mparth. **naxvaδār*, armen. *naxarar*, vgl. *Benveniste*, REA IX/1929, S. 6f. Vgl. ferner die Literaturverweise in BSOAS 16/1954, S. 21f., wo aber der Verweis auf *Benveniste* fehlt, der doch die iranische Etymologie des Wortes gab. Das Wort ist ein parthischer feudaler *und* amtlicher Titel, den wir konventionell mit „Satrap" wiedergeben können. Der iranische General, der bei Ammianus Marcellinus XIV 3, 1 und XXV 3, 13 erwähnt ist, führt den Titel Nohodares, was mißverständlich als Eigennamen aufgefaßt wird. Das syrische Wort sollte eigentlich **nōhdārā* gelesen werden.

[113] *Cantineau*, Grammaire du palmyrénien épigraphique, S. 154. [114] Ebda.

Beruf und Beschäftigung:

נאשירא (Jagd), וארזא (Saat), אשכארתא (Schüler), זרנך (Goldschmied), גוסאנא (Sänger), זאנדיק („Ketzer“).

Sprechen und schreiben:

פאסוך (Antwort), פוגדאמא (Wort), פרשיגנא (Kopie).

Militärisch-feudale Begriffe und Bewaffnung:

אשתארגאן (Ochsenstachel), אדיאורא („Helfer“), הנשימאן (Versammlung), פאדאהשאר (Herrschaft), פאדיברא (Bote), פארואנקא (Gefolgsmann), שאהארדאל (Satrap), פארכסא (Einkerkerung), בורזינקא (Beinschiene (Schutzbinde)), דראבשא (Fahne), זאינא (Waffe), קאמאן (Bogen), מארגנא (Stab), אואר (Raub).

Familie:

זארגיאן (Kinderlos), פארצינדא (Kind,) טוהמא (Familie).

Seelenleben:

באואר (Glaube), ראז (Mysterium), רואז (Eigenname).

Sonstiges Abstraktes:

זנא (Art), זיאנא (Schaden), עסתוג (Elend), אזמיוז (lusterregend), כאביצא (ein Hohl- und Flächenmaß), פארואנאייא (die Epagomenentage).

Diese Liste erfordert einen ausführlicheren Kommentar, als wir ihn in dieser Arbeit liefern können, und sie ist eigentlich in Zusammenhang mit einer Durchmusterung des ganzen iranischen Wortschatzes im Mandäischen zu betrachten. Eine vorläufige Untersuchung ergab als Resultat rund 130 mitteliranische Lehnwörter im Mandäischen, was die Zahl der bisher festgestellten akkadischen Lehnwörter übertrifft[115]. In den Anmerkungen zu unserer parthischen Liste geben wir also nur einige knappe Bemerkungen und müssen uns die ausführliche Besprechung jedes einzelnen Wortes für die Zukunft vorbehalten[116].

[115] Die akkadischen Lehnwörter im Mandäischen findet man bei *Zimmern*, Die akkadischen Fremdwörter, registriert. Hierzu kommen die verschiedenen Anmerkungen in den von *Lidzbarski* herausgegebenen Texten und die Übersicht bei *Baumgartner*, HUCA XXIII/1950–51, S. 57ff., wo solche Worte notiert sind, die bisher nur im Mandäischen belegt sind, „so daß sie mit einiger Wahrscheinlichkeit auch als nur ins Mandäische eingedrungen gelten können“, *Baumgartner* a. a. O., S. 58. Als Ergänzung zu diesem Verzeichnis möchte ich hier das Wort שאתאמיא einfügen, welches *Lidzbarski*, Mandäische Liturgien, S. 22, 7 anzutreffen ist und bisher nicht richtig erklärt wurde. *Lidzbarski* a. a. O., S. 22 Anm. 6 stellt das Wort zu arab. شتّم und übersetzt es als „Schmäher“. Es ist aber das neubabyl. Wort *šatammu*, das einen Tempelbeamten bezeichnet, vgl. *Ebeling*, Glossar zu den neubabyl. Briefen, S. 241; *Ungnad*, Neubabyl. Rechts- und Verwaltungsurkunden, Glossar, S. 159.

[116] Vgl. Beigabe I.

V. Die Literatur

Sehr wenig ist bisher von der parthischen Literatur sichergestellt worden, und diese Reste sind für unser Thema nicht einmal besonders ergiebig; denn die Parther begünstigten als ritterliche Feudalherren vor allem die nationale Überlieferung, wie sie von den Barden an den Fürstenhöfen in Gesang und Rezitation vorgetragen wurde[117]. Neben diesen Epen, wie sie als ein Bruchstück noch in *Aβyātkār i Zarērān* bewahrt sind[118], hat es auch ein romantisches Epos mit schon achämenidischen Ahnen gegeben, von dem das neupersische *Wīs u Rāmīn* eine ungefähre Vorstellung zu vermitteln vermag, da das neupersische Gedicht das parthische Kolorit noch ganz treu bewahrt hat[119]. Bei dem Epos hatten aber die Parther nichts von den Semiten zu lernen, weil diese es ohne fremden Einfluß nie zu eigener Leistung auf diesem Gebiet gebracht haben[120].

[117] Vgl. *Christensen*, Les gestes des rois, S. 40f.; Les Kayanides, Kopenhagen 1931, S. 59, 127ff. mit Hinweisen auf die älteren Forschungen *Markwarts* und *Nöldekes*. Entgegen *Christensen* glaube ich bestimmt, daß Rustam schon parthisch ist. Rustam wird schon in parthischer Zeit in der iranischen Literatur erwähnt und zwar in dem parthischen Text *Draxt āsūrīk* § 41, wo wir den folgenden Text lesen: *škanž až man karēnd kē bandēnd zēnān kē Rōtastahm ut Spandadāt apar bē nišastēnd.* *Christensen*, Les Kayanides, S. 138 Anm. meint, daß diese Stelle in *Draxt āsūrīk* nicht für das Vorkommen Rustams in der legendären Geschichte der Iranier vor der sassanidischen Periode spreche, weil sie sich mit dem regulären Metrum von 11 Silben nicht vertrage. Hiergegen ist erstens einzuwenden, daß wir doch in dem betreffenden Stück die rein parthische Präsensform *karēnd* antreffen, ferner, daß *Henning*, NGGW 1934, S. 317 sehr beachtliche Gründe angeführt hat für die Annahme, daß „das Versprinzip weder ein silbenmessendes ist, noch ein silbenzählendes zu sein scheint", sondern ein rhytmisches. Vgl. auch *Henning*, (The Disintegration of the Avestic Studies) Transact. Soc. Philol. 1942, S. 41ff.

Es scheint uns darum berechtigt zu sein, den Text wie folgt metrisch zu gliedern:

škanž až man karēnd
kē bandēnd zēnān
kē Rōtastahm ut Spandadāt
apar bē nišastēnd

Wir glauben also bestimmt, behaupten zu können, daß die Parther die Überlieferungen aus Ostiran über Rustam nach Westen mit sich gebracht hatten und daß somit diese in parthischer Zeit in Mesopotamien bekannt waren.

[118] Für den metrischen Charakter vgl. *Benveniste*, JA 1932, S. 245–293, S. 138 Anm. 2 *Herzfeld*, AMI 4, S. 106ff.

[119] Den wahrheitsgetreuen parthischen Hintergrund hat *Minorsky*, BSOAS 11/1946, S. 741–763, 12/1947–48, S. 20–35, aufgezeigt.

[120] Nur in Mesopotamien und in Ugarit finden wir semitische epische Texte. Die Akkader (Assyrer und Babylonier) sind aber von den Sumerern, und die Westsemiten in Ugarit von den sumerisch-akkadischen und churritischen Epen abhängig. Vgl. vorläufig *Widengren*, Ac Or XXIII/1959, S. 219f.

Es gab indessen andere Gattungen, in denen sich die Semiten seit jeher auszeichneten. Das war z. B. der Fall mit allerlei Kategorien von Fabeln und anderer Weisheitsliteratur. Von der parthischen Fabelliteratur ist uns eben ein Spezimen der „Rangstreit-Literatur“ erhalten, *Draxt āsūrīk*, wo sich die Ziege und der „aramäische Baum“ über den ersten Rang streiten, eine Gattung, die eben in dem spätassyrischen Schrifttum anscheinend sehr beliebt war[121]. Als ausgemacht darf wohl gelten, daß die Parther ihre Rangstreitgedichte von den Assyrern übernommen haben. Wir wissen nur nicht, ob unmittelbar oder mittelbar durch Vermittlung der Meder und Perser – die Meder insbesondere waren ja von der assyrischen Kultur stark beeinflußt.

In diesem Gedicht *Draxt āsūrīk* begegnen wir einer interessanten Redewendung. Die siegende Ziege sagt, sie habe vor ihren Gegner ihre goldenen Worte gelegt „gleich wie derjenige, der vor ein Schwein oder einen Eber Perlen ausstreut“ (§ 51)[122]. Diese Redewendung muß ein Wanderwort gewesen sein, und vielleicht hat es eben in parthischer Zeit Palästina erreicht, um schließlich auch in der Verkündigung Jesu Verwendung zu finden[123]. Da die Perle ein iranisches Symbol für den erlösten Erlöser ist

[121] Vgl. *Ebeling*, Die babylonische Fabel; *Benveniste*, JA 217/1930, S. 193–225 hat den metrischen Charakter in *Draxt āsūrīk* aufgezeigt, nachdem schon *Bartholomae*, ZKMM IV/1922, S. 23f. den parthischen Dialekt erkannt hatte. Der Text wurde erstmalig von *Unvala* in BSOS 2/1923, S. 637–678 bearbeitet. Vgl. auch *Henning* BSOAS 8/1949–50, S. 641f.

[122] *Benveniste* a.a.O., S. 201f. glaubt, den Text metrisch folgendermaßen rekonstruieren zu können:

ēnom zarrēn saxvan
kē man ō tō nihāt
čiγōn kē pēš varāz
murvārīt afšanēt

Benveniste betrachtet also *hūk u* als Glosse. Aber *pēš* ist nicht die parthische Präposition, die vielmehr *parvān* lautet, und *murvārīt* ist kein parthisches Wort. Darum bleibt der zu rekonstruierende Text sehr unsicher und man könnte andere Vorschläge machen, besonders da wir nunmehr nicht mit derart starren Metra wie früher rechnen. Ein Vorschlag folgt:

ēnom zarrēn saxvan
kē man ō tō nihāt
čiγōn kē parvān hūk
ut varāz margārīt
afšanēt aδāß čang
žanēt parvān uštr mart

Mit *enjambement* müssen wir ja immer grundsätzlich rechnen. Das Metrum mit 6 Silben erinnert auffallend an *das Lied von der Perle* mit dessen parthischem Hintergrund. Man notiert die parthische Form *margārīt* anstatt mpers. *murvārīt*, vgl. *Widengren*, Muhammad, S. 194.

[123] Man scheint dieses parthische Sprichwort in dem von den neutestamentlichen Exegeten zu Matth. 7,6 herangezogenen Material bisher nicht aufgenommen zu haben.

und also von Anfang an in einen religiösen Zusammenhang hineingehört, wäre es wohl nicht unmöglich, daß die Redewendung von Haus aus wirklich parthisch gewesen ist. Jedenfalls ist sie außerhalb der Evangelien-Literatur literarisch nur hier belegt, was wohl doch zu denken gibt.

An Weisheitsliteratur, die zwar nicht in parthischer Sprache bewahrt, wohl aber um diese Zeit zu datieren ist und in einer iranischen Umgebung spielt, notieren wir den „Streit der Trabanten" in I Esra 3,1–4,42. Alles spricht dafür, daß diese Erzählung in ihrer ursprünglichen Gestalt unter den Parthern Mesopotamiens im Umlauf war und dort von den Juden aufgegriffen wurde[124]. Ebenso wahrscheinlich ist es, daß die Juden das Buch Esther in parthischer Zeit unter Benutzung einer parthischen Rahmenerzählung konzipiert haben[125]. In parthischer Zeit spielt auch das Buch Thobit, welches gleichfalls parthische Elemente zu enthalten scheint[126].

124 Zwar spielt die Geschichte am Hofe eines Großkönigs Darius. Aber das bedeutet für die wirkliche Datierung der Schrift gar nichts. Daß eine ursprünglich nicht-jüdische Erzählung von einem Rangstreit seitens der Juden aufgenommen und ein wenig zurechtgestutzt wurde, hat *Laqueur*, Hermes 65/1911, S. 168ff. aufgezeigt. *Rudolph*, ZAW LXI/1945–48, S. 176–190 nimmt Griechisch, nicht Aramäisch als die ursprüngliche Sprache an und denkt an die Zeit nach 160 v.Chr. als die Abfassungszeit der Schrift. *Lods*, Histoire de la littérature hébraïque et juive, S. 954 scheint eine Abfassung nach 142 v. Chr. vorzuziehen. *Rudolphs* Annahme einer griechischen Urschrift läßt sich mit dem Ursprung in einem parthischen Milieu gut vereinen.

125 So scheinen die Verwaltungsverhältnisse – 127 Satrapien (d.h. sicherlich = Eparchien, wie die große Zahl angibt. Die Bezeichnung מדינה = χώρα entspricht parth. *xšahr*, was Satrapie im Allgemeinen bezeichnet, aber ein reichlich unbestimmter Terminus ist, vgl. *Widengren*, Recherches sur le féodalisme iranien, S. 142 und im allgemeinen S. 122ff.) weit besser mit der parthischen als mit der achämenidischen Periode übereinzustimmen. Der iranische Hintergrund der Geschichte steht wohl fest; vgl. z.B. *Lods* a.a.O., S. 806; *Ringgren*, SEÅ XX/1955, S. 5–24, wo die mit dem iranischen Neujahrsfest verbundenen Elemente scharf heraus gearbeitet werden.

126 Die iranischen Einschläge sind hier u.a. der Name des Dämonen Asmodaeus, worin man m.E. mit allem Recht Aēšma Daēva vermutet hat; ferner Ägypten als Ort der bösen Mächte (vgl. das Lied von der Perle V. 20–33). Auf speziell parthische Lokalisierung führt die Position, die Egbatana und Rage in Medien einnehmen, weiter der Umstand, daß ein ganz nahe verwandtes Motiv sich in Armenien findet (*Schürer*, Geschichte des jüdischen Volkes III, 4., S. 241). Als ein typisches iranisches Detail, daß bisher anscheinend unbeachtet blieb, erwähnen wir den „Schatz von guten Werken" in 4, 9, (θέμα γὰρ ἀγαθὸν θησαυρίζεις σεαυτῷ εἰς ἡμέραν ἀνάγκης) (vgl. für dieses Motiv *Widengren*, The Great Vohu Manah, UUÅ 1945:5, S. 84–86, und Religionens Värld, 2. Aufl., S. 326ff., 373, 388). Vielleicht gibt es auch andere authentisch iranische Züge; vgl. *Moulton*, Early Zoroastrianism, S. 99, 332ff., wo ein kühner Versuch gemacht wird, die ursprüngliche iranische Erzählung zu rekonstruieren. Vgl. im allgemeinen ferner *Moulton* a.a.O., I. 250f.; *Duchesne-Guillemin*, Ormazd et Ahriman, S. 84; *Widengren*, Quelques rapports, S. 215 Anm. 6 und 7.

Wir müssen aber noch einmal auf die Weisheitsliteratur zurückkommen. Es gibt in der Pahlavi-Literatur eine Weisheitsschrift *Mēnōk i Xrat*, die mittelpersisch und nicht parthisch geschrieben ist. Aber diese Schrift ist deutlich zervanitisch, und die zervanitische Religion war im alten Medien, also im nordwestlichen Iran, verbreitet, also ebendort, wo später die parthische Sprache gesprochen und geschrieben wurde[127]. Darum ist es an sich wahrscheinlich, daß diese oder ähnliche Schriften unter den Magiern Mediens in der parthischen Zeit kursierten; denn diese Magier waren ja von altersher die Träger der zervanitischen Anschauungen[128]. Die Schrift *Mēnōk i Xrat* ist aber anerkanntermaßen von astralen Vorstellungen erfüllt, die von einem Einfluß mesopotamischer Astrologie zeugen[129]. Sie ist also selbst ein Zeugnis des iranisch-semitischen Kulturkontaktes.

Hier in *Mēnōk i Xrat* 43:5–13 treffen wir eine interessante Allegorie mit ausgesprochen eschatologischer Färbung an. Es heißt nämlich, daß man Ahriman und die Dēven bekämpfen und aus der Hölle entkommen kann, um Ōhrmizd, die Amšaspanden und das Paradies zu gewinnen,

wenn sie den Geist der Weisheit zum Lendenschutz machen
und an den Körper den Geist der Genügsamkeit gleich Rüstung und Panzer und Bedeckung anziehen
und den Geist der Wahrheit zu einem Schild machen
und den Geist der Dankbarkeit zu einer Keule
und den Geist des vollkommenen Denkens zu einem Bogen
und den Geist der Freigiebigkeit zu einem Pfeil
und den Geist des Maßhaltens zu einer Lanze machen
und den Geist der Bestrebung zu einem Handschutz
und den Geist der Vorherbestimmung zur Zuflucht machen[130].

[127] Parthisch als die Sprache des nordwestlichen „medischen" Irans: Vgl. *Reichelt*, Iranisch (Grundriß der indogerm. Sprach- und Altertumskunde II, 42), S. 25f.

[128] Medien als Heimat der zervanitischen Magier; *Nyberg*, Die Religionen des alten Iran, S. 388f.; vgl. auch *Moulton* a.a.O., S. 183ff., wo aber der Zervanismus nicht berücksichtigt wird. Für *Mēnōk i Xrat* als zervanitische Schrift vgl. z.B. *Benveniste*, The Persian Religion, S. 101 und passim. Medien ist allgemein als Heimat des parthischen Dialektes anerkannt vgl. die vorige Anm.; für das ganze Problem vgl. *Widengren*, Stand und Aufgaben der iranischen Religionsgeschichte, S. 112ff.

[129] Vgl. *Benveniste* a.a.O. S. 100; *Nyberg* JA 1931, S. 64.

[130] Zur Übersetzung ist zu bemerken, daß ich *puštē-pānakīh* als „Lendenschutz" nehme, weil ja *pušt* Rücken, Lende, bedeutet. *Nyberg*, Hilfsbuch II, S. 188 übersetzt „Rückhalt". Der Kontext erfordert indessen eine konkrete Bedeutung in Analogie mit den anderen Schutzwaffen, so auch *Junker*, Über iranische Quellen, S. 140: „Rückenschutz".

Es dürfte wohl einleuchtend sein, daß ein derartiges Gleichnis nur in solchen Kreisen seinen natürlichen Ursprung haben kann, in denen das Kriegerleben das ideale Muster ist. Die allegorische, religiöse Sprache nährt sich hier von der Bewaffnung der Ritter, ebenso wie sie sich in dem „Lied von der Perle" die Inspiration aus der feudalen Sphäre der ritterlichen Gesellschaft holt[131]. Es ist auch zu beachten, daß man als Zuflucht den „Geist der Vorherbestimmung" nehmen soll. Dieses Wort *brēh* ist aber ein ausgesprochen zervanitischer Terminus[132]; dadurch tritt zutage, daß diese Frömmigkeit der Krieger eine zervanitische Färbung hat. Ferner ist wichtig, daß der Terminus für Keule, *vazr*, nicht das mittelpersische Wort ist, welches *gurz* lautet, sondern eben die rein parthische Form bewahrt hat[133]. Dasselbe trifft auf *patmān* anstelle von *paimān* zu[134]. Diese philologischen Tatsachen unterstreichen den ursprünglich parthischen Charakter dieser Allegorie und machen es glaubhaft, daß sie aus der parthischen Kultur nach Westen gewandert ist, um zuletzt in Ephes. 6, 11–13 aufzutauchen[135], wo der Charakter ebenso eschatologisch wie in Mēnōk i Xrat ist.

Noch eine weitere philologische Tatsache ist für die Frage der Herkunft der mitteliranischen Weisheitsliteratur wichtig: Die beiden Termini für solche Schriften, *andarz*, und *pandnāmak*, sind parthisch[136].

[131] Im mandäischen Schrifttum finden wir diese Symbolsprache, vgl. *Sundberg*, Kushṭa, S. 93–95, wo aber der Hintergrund dieser Sprache nicht behandelt wird.

[132] *Nyberg*, JA 1931, S. 54, 108, wo aber die falsche Lesung *baxš* geboten wird (so auch Hilfsbuch, II, s.v. *baxš*). Für die korrekte Interpretation vgl. *Bailey*, Zoroastrian Problems, S. 45 Anm. 1.

[133] Für dieses Wort vgl. *Lentz*, ZII 4/1926, S. 291:87. Interessant ist es, daß die nationale Überlieferung sonst *gurz* bietet z.B. in dem wohlbekannten Ausdruck *gurz i gāvsār*. Der parthische Ursprung des Wortes *vazr* wird nicht bei *Nyberg*, Hilfsbuch II, S. 237 vermerkt. In der Schilderung des Zustandes im kommenden Leben Dāt. i Dēn. 37 i wird die Form *varz* verwendet, vgl. K 35 I, S. 153: 1.

[134] Die NW-Form *patmān* ist Lehnwort in Mp., vgl. *Nyberg*, Hilfsbuch II, S. 181. Die sprachechte SW-Form *paimān* war aber anscheinend die populäre Form, denn sie findet sich schon als mandäisches Lehnwort, vgl. *Nöldeke*, Mand.Gr., S. XXXII, was bei *Nyberg* a.a.O., nicht vermerkt wird.

[135] Man hat in den Kommentaren offenbar gar nicht nach dem Sitz im Leben dieser Allegorien gefragt und kommt darum nur zu ganz vagen Vergleichen mit verschiedenem Material, darunter natürlich auch unserer Stelle. Nur bei *Reitzenstein*, Die hellenistischen Mysterienreligionen, S. 214, ein guter Hinweis. Die eschatologische Deutung, die *Heinrich Schlier* in Uppsala am 4. 5. 53 von Ephes. 6, 13 gab, gibt erst die Möglichkeit, die beiden Literaturstücke mit ihrer starken eschatologischen Haltung miteinander zu vergleichen; die Ähnlichkeit wird dann offenbar.

[136] Für *andarz* als parthisches Wort vgl. MirM III, Glossar S. 49 894 b und *Lentz* a.a.O., S. 276:13. Der parthische Ursprung dieses Wortes wird nicht bei *Nyberg*,

Den gleichen, unter den parthischen Kriegern bodenständigen, zervanitischen Religionstypus finden wir mit *Wikander* auch in der Visionsschilderung *Ardāi Virāz nāmak*, wo das Paradies der parthischen Ritter ausgemalt wird. Hier ist der zervanitische, heterodoxe Typus leicht festzustellen[137]. Sehr aufschlußreich sind in diesem Zusammenhang auch die Schilderungen von den Kämpfen zwischen den Scharen Ōhrmizds und Ahrimans, z. B. in den ausgesprochen zervanitischen Kapiteln von *Bundahišn* und *Zātspram*[138]. In den manichäischen Psalmen ist es möglich, sogar noch im Koptischen die technischen feudalen Termini wiederzufinden[139].

Unter die hier besprochenen, rein religiösen Texte gehört auch das parthische Vorbild des syrischen Liedes von der Perle, das von uns schon früher behandelt wurde[140]. Eine vielleicht etwas abweichende Fassung

Hilfsbuch II, S. 100 notiert. Für *pand* als parthisches Wort in der Bedeutung „Rat" vgl. *Henning*, BBB, S. 113b. *Nyberg*, Hilfsbuch II, S. 169 konnte noch nicht – wegen mangelnden Materials – den parthischen Ursprung vermerken. Bezüglich der Sprache dieser zervanitischen Weisheitsliteratur ist noch zu erwähnen, daß der wichtige Terminus *xvatāi-frazānakīh* ein parthisches Wort ist wegen *z*. Der parthische Ursprung dieses Wortes wird nicht bei *Nyberg*, Hilfsbuch II, S. 139 vermerkt. Dagegen wird S. 48 s.v. *dānistān* korrekt angegeben, daß dieses Verbum eine SW-Entwicklung von *zan* darstellt. Auch *Zaehner*, Zurvān, S. 181 ist der Meinung, daß die *andarz*-Literatur zum Zervanismus gehört. Aber überhaupt ist es sehr bedeutsam, daß die Bezeichnung der Literatur, die *zand* (<*zanti*, AirWb Kol. 1660) genannt wird, eine nur im Parth., nicht im Mp. denkbare Lautgestalt zeigt. Dieses Verhältnis bestätigt den medisch-parthischen Ursprung der *zand*-Literatur, vgl. *Widengren*, Stand und Aufgaben, S. 74f. und unten S. 104.

[137] Vgl. *Wikander*, Vayu I, Lund 1941, S. 43ff.; Feuerpriester in Kleinasien und Iran, S. 178f., 193f. *Wikander* betrachtet *Ardāi Virāz* als ein Produkt der Hērbadkreise, wo er auch „vor allem" den Zervanismus lokalisiert a.a.O., S. 178. Daneben müssen aber die Magier im nordwestlichen Iran eine sehr bedeutende Rolle gespielt haben, wo wir „vor allem" den Zervanismus zu lokalisieren haben. Vgl. oben S. 38 Anm. 128.

[138] Der zervanitische Charakter von *Bundahišn* Kap. I wurde von *Nyberg*, JA 1931, S. 36ff. einleuchtend analysiert. Die Übereinstimmung zwischen *Zātspram* Kap. I (mit seinem, wie Zaehner zeigt stark zervanitischen Charakter) und der manichäischen Schilderung von dem Angriff des *princeps tenebrarum* auf das Reich des Lichtes ist wirklich auffallend, wird aber in der wissenschaftlichen Literatur nicht hervorgehoben. Man kann es sogar typisch finden, daß *Zaehner* in seinem großen Werke „Zurvān" diese Beobachtung nicht gemacht hat.

[139] Vgl. *Allberry*, A Manichaean Psalm-Book II, S. 203:1–2, 13–14, 29. Hier werden solche feudalen Termini wie Freund, ϣΒΗΡ, Helfer, βοηθός, und Dienstmann, λειτουργός, erwähnt. Über diese Termini vgl. *Widengren*, Feudalismus im alten Iran, Kap. I. Mehr ausführlich in einem Vortrag . 1. 58 an der Universität Liège mit dem Titel „Le symbolisme de la ceinture."

[140] ZRGG 4/1952, S. 105ff. Der schnaubende Drache vv. 13, 58 kehrt Psalm-Book II, S. 216:18 wieder. Das Epitheton ist indo-iranisch, denn schon Vritra bekommt in Rigveda solche Epitheta: *śvasant, śuṣant, śvasana*. Überhaupt aber finden wir in Psalm-Book II, S. 216f. mehrere Übereinstimmungen mit der Drachentötung am

bietet das ursprünglich jüdische, sogenannte „Cyriacus-Gebet“[141]. Als Symptom ist dieser Text, der älter als das syrische Lied sein muß, sehr wichtig, weil er zeigt, daß auch die Juden solche parthischen Erlösungslieder aufgegriffen und, für ihren Zweck passend, umgedeutet haben[142].

Auch auf dem Gebiet der Geschichtsschreibung hat die parthische Literatur den jüdischen Autoren Impulse gegeben. Die Parthernachrichten bei Josephus gehen nämlich teilweise auf einheimische parthische Quellen zurück, und zwar allem Anschein nach entweder auf königliche Annalen oder, vielleicht eher, auf Chroniken mit Angaben der Regierungsjahre, sowie mit einem Gerippe historischer Daten[143]. Sie sind etwa so kurz und knapp gehalten wie die spätbabylonisch abgefaßten Diadochen- und Seleukiden-Chroniken, die wohl in diesem Fall den Parthern als Muster gedient haben[144]. Ein solcher Typus von Historiographie hat eben alte Ahnen in Mesopotamien, besonders in Babylonien[145].

Dagegen scheinen die Angaben bei Josephus über das Königshaus von Adiabene nicht parthischen, sondern jüdischen Ursprungs zu sein[146].

Zusammenfassend können wir also auch auf diesem Gebiet ein Geben und Nehmen feststellen. Der parthische Einfluß dürfte sich vor allem – wie aus dem Gesagten wohl klar hervorgehen sollte – auf dem Gebiet der religiösen Literatur bemerkbar gemacht haben. Dabei haben wir noch einer weiteren Gattung zu gedenken, der apokalyptischen Literatur. Wir werden sie aber aus praktischen Gründen im Zusammenhang mit dem parthischen religiösen Einfluß später behandeln.

iranischen Jahresfest, z.B. das Befreien des weiblichen Wesens und den *hieros gamos*. Diese Übereinstimmung ist für das Verständnis der Drachenbekämpfung im Lied von der Perle von großer Wichtigkeit, ebenso wichtig auch für das Verstehen des iranischen Hintergrundes der manichäischen Mythologie. Vgl. auch die folgende Anm.

[141] Literatur und Analyse bei *Reitzenstein*, Das iranische Erlösungsmysterium, Bonn 1921 S. 77ff., 261, 263. Der ursprüngliche *Kampf* gegen den Drachenkönig hat in diesem Text noch deutliche Spuren hinterlassen und es kann keinem Zweifel unterliegen, daß strukturell gesehen dieser Text älter als das Lied von der Perle ist, wie *Reitzenstein* gesehen hat, vgl. die folgende Anm.

[142] So auch in der Hauptsache *Reitzenstein*, der das ältere, „liturgische“ Stadium des Cyriacusgebetes gegen *Gressmann* scharf betonte.

[143] Vgl. *Täubler*, Die Parthernachrichten bei Josephus, S. 24, 26–28.

[144] Vgl. die Diadochen, und Seleukiden-Chroniken bei *Smith*, Babylonian Historical Texts, S. 124ff., 150ff.

[145] Das Muster bietet ja die berühmte Babylonische Chronik, neueste Übers. *ANET*, S. 301ff., wo Literatur über Ausgaben und Übersetzungen. Zu vergleichen sind die übrigen *ANET*, S. 303ff. übersetzten Chroniken, sowie *Wiseman*, Chronicles of Chaldaean Kings.

[146] *Täubler* a.a.O., S. 65 findet hier „die Wiedergabe einer erbaulichen Missionsschrift“, welche die jüdische Propaganda als Ursprung hat.

VI. Geschichtsauffassung

In *Fihrist,* S. 305:7; 306:5 wird gesagt, daß es ein Pahlavi-Buch gab, das von Nimrod, dem König von Babel, handelte[147]. Diese Notiz besagt, daß die alte mesopotamisch-jüdische Sagengestalt Nimrod (< Ninurta[148]) von den Iraniern aufgenommen und in mitteliranischer Zeit in literarisch ausgestaltete Traditionen eingeführt wurde. Dabei wissen wir jedoch noch nicht, ob diese Aufnahme einer semitischen mythisch-legendären Gestalt schon in parthischer Zeit erfolgte.

Zeitlich mehr festgelegt ist das Erscheinen Nimrods in der pseudoklementinischen Literatur, da ja die hier in Betracht kommenden Abschnitte zu dem ältesten Kern, der von der Forschung angenommenen Grundschrift, gehören müssen und sie somit jedenfalls ihre literarische Form schon vor dem Fall des Partherreiches bekamen[149]. Bedeutsam ist nun, daß in dieser Grundschrift der Klementinen Nimrod als mit Zoroaster identisch betrachtet wird (*Homil.* IX 4). In einer anderen Traditionsschicht wird zwar Zoroaster nicht mit Nimrod identifiziert, sondern dieser wird für gleich mit Ninus, dem Heros Eponymos der alten Assyrerhauptstadt, angesehen (*Recogn.* IV 27, 29[150]). Wichtig ist indessen, daß auch nach

[147] Vgl. *Christensen,* Les gestes des rois, S. 68.

[148] Für die Entwicklung des Namens Nimrod aus der sumerisch-akkadischen Gottheit Ninurta, später auch Nimurta (= Niwurta) ausgesprochen, vgl. OLZ 20/1917, Kol. 1ff. Für die Gleichsetzung des mandäischen Namrus mit Nimrud vgl. die Parallelisierung zwischen Namrus und „Riese" RG ed. *Petermann,* S. 82 letzte Z. Für „Riese" wird auch hier das Wort גאבארא verwendet. Ob hier vielleicht die richtige Auffassung von Namrus als einem „Riesen" ursprünglich zu finden war? Im *Ginzā* ist von den „Riesen" oft die Rede. Das verwickelte Verhältnis zwischen den verschiedenen Namensformen Nimrus, Namrus, Namrā'ēl und Nebrō'ēl wird von *Furlani,* AANDL, Ser. VIII, Vol. VI/1951, S. 519–531 untersucht.

[149] Für die Datierung vgl. *Waitz,* Die Pseudoklementinen, S. 45f.; *Bousset,* Hauptprobleme der Gnosis, S. 144ff., der diese Nimrod-Zoroaster-Traditionen behandelt, geht auf die Datierungsfrage nicht ein. *Bidez & Cumont,* Les mages hellénisés, II, S. 50ff. gibt die betr. Texte. Sie haben aber teilweise – wegen mangelnder Kenntnis des iranischen Materials – diese Traditionen mißverstanden und insbesondere den wahren Charakter des himmlischen Feuers – dazu in Polemik gegen *Boussets* ganz richtige Deutung – verkannt, vgl. die folgende Anm. 150. Die ausgezeichnete Arbeit von *Cullmann,* Le problème littéraire et historique du roman Pseudo-Clémentin, streift nur ganz kurz die Datierungsfrage der Grundschrift, vgl. S. 96 (Beginn des II. Jahrh. n. Chr.) Auch für *Rehm,* ZNW XXXVII/1938, S. 156 ist die Grundschrift in parthischer Zeit (um 200 n. Chr.) anzusetzen.

[150] *Bousset* a.a.O., S. 145. Über Ninus in der syrischen historischen Tradition vgl. *Chabot,* Chronique de Michel le Syrien, I, S. 26. Die Behauptung *Götzes* in Die Schatzhöhle, S. 64, es liege hier eine hellenistische Umdeutung vor, ist nicht richtig. Den

dieser Tradition eine Verbindung zwischen dem Feueranbeter Zoroaster, der die Perser die Verehrung des Blitzfeuers lehrte und selbst von seinen Anhängern in der Weise angebetet wurde, daß sie seine vom Blitzfeuer verbrannten Knochen sammelten (*Recogn.* IV 29), und einem mesopotamischen Heros besteht. Hier sehen wir, daß es eine semitische synkretistische Tradition gab, nach der die Perser tatsächlich die Feueranbetung von den Assyrern gelernt hatten und der große iranische Prophet Zoroaster eigentlich der mesopotamische Sagenkönig Nimrod war. So heißt es auch *Recogn.* I 30, daß Nimrod als erster über Babylon herrschte, aus dieser von i hm erbauten Stadt zu den Persern übersiedelte und diese die Feueranbetung lehrte. Und zwar war dieser Nimrod ein Riese, ein γίγας (*Homil.* IX 4). Hinter der griechischen Bezeichnung steckt das syrische Wort *gabbārā*, das hebräische *gibbōr*; so stoßen wir hier auf die bekannte Geschichtslegende von den „Riesen", die einmal auf Erden lebten[151]. Nun wissen wir aber, daß sowohl *gabbārā* als auch γίγας dem iranischen Königstitel *kai* entsprechen[152]. In einem semitisch-iranischen Milieu in Mesopotamien sind also Zoroaster, Nimrod und Ninus irgendwie miteinander identifiziert worden. Wenn es heißt, daß Nimrod-Zoroaster der erste als Gott gefeierte Herrscher und ein „Riese" gewesen sei, so werden wir an die Angabe erinnert, daß Farīdūn sich als erster *kai* nannte[153] und daß über ihn ein Glanz – natürlich das göttliche *xvarnah* – gekommen sei[154].

wirklichen Sinn dieses iranischen, vielleicht schon in der pseudoklementinischen Grundschrift nicht mehr verstandenen oder auch verdrehten Traditionen werde ich in einer kommenden Arbeit über das iranische Königtum näher darstellen. Hier nur ein Detail, das vielleicht den iranischen Hintergrund beleuchten kann: Jakobus trägt in Ep.Clem. (ein Teil der Grundschrift, vgl. *Waitz*, ZNW XXVIII/1929, S. 259f.) „den auffälligen Titel" (so *Waitz*, a.a.O., S. 262) ἐπίσκοπος ἐπισκόπων. Dieser Titel stimmt aber vollkommen mit einer Reihe von iranischen hohen Amtsbezeichnungen überein, wie *šāhān šāh, bānbišnān bānbišn, mōpatān mōpat* und *hērpatan hērpat*. Das Muster war wohl das akkadische *šar šarrāni*. Es scheint beachtenswert, daß wir unter diesen iranischen Amtsbezeichnungen eben die zwei hohen ekklesiastischen finden. Vgl. auch *Widengren*, Quelques rapports, S. 220 Anm. 1. Die zahlreichen iranischen Elemente in den Ps. Klementinen können hier nicht behandelt werden. Ich verweise aber auf Homil. I 16; 19; II 6; III 2; 13; 30; XVIII 12.

151 Vgl. *Gunkel*, Genesis, 3. Aufl., S. 58f. Über Nimrod S. 87ff.; Das Märchen im Alten Testament, S. 93ff. Nimrod wird Gen. 10,8 *gibbōr* genannt; RE XVII Koll. 624–627 (unzureichend).

152 Vgl. *Henning*, SPAW, S. 6 [30]; *Wikander*, Der arische Männerbund, S. 98 Anm. 4. Das ps. klementinische Material wird von ihnen nicht diskutiert. In den Turfantexten kommt die Form *kav* (avest. *kavi*) vor.

153 Ṭabarī, Annales, I S. 228 bei *Wikander*, *Vayu* I, S. 167 zitiert.

154 ib. Diese Angabe stimmt vorzüglich mit den Zoroaster-Nimrod-Traditionen überein, ist aber bisher vollkommen in diesem Zusammenhang übersehen worden.

Nun ist aber Farīdūn wahrscheinlich der parthische nationale Heros gewesen[155]. Offenbar hat also Zoroaster gewisse königliche Züge von ihm entleihen dürfen, um dann in dem synkretistischen iranisch-semitischen Milieu mit Nimrod identifiziert zu werden. Wo haben wir dieses Milieu zu suchen? Es wurde bereits gesagt, daß laut *Recogn.* I 30 Nimrod über Babylon herrschte und dann zu den Persern emigrierte, um die Feuerverehrung zu verbreiten. Hier kommt wohl doch eine ausgesprochen *babylonische* Tendenz zu Worte: Eigentlich haben die Perser von Babylon aus ihre Feueranbetung bekommen! Daß von Anfang an an eine babylonisch-iranisch-feindliche Tendenz zu denken ist, wie *Bousset* meint, scheint kaum glaubwürdig, wenn wir diese Traditionen mit den übrigen ähnlichen zusammenhalten[156].

Andere Spuren führen indessen nach Nordmesopotamien. Eine edessenische Lokaltradition behauptet nämlich, Nimrod wäre der Bauherr von Edessa gewesen (CSCO, Script. Syri 3,14; Textus S. 48,17–19; Versio S. 36)[157]. Nun haben wir in Edessa bereits eine solche gemischte iranisch-syrische Kultur gefunden. Dazu kommt noch, daß auch andere Traditionen die später zu behandeln und von demselben iranisch-semitischen Typus sind, wahrscheinlich nach Edessa zu lokalisieren sind[158]. In Nordsyrien, nicht weit von Edessa, in Hierapolis-Mabbug, stoßen wir ebenfalls auf eigentümliche iranische Überlieferungen als lokale Traditionen[159]. Edessa bzw. überhaupt Nordmesopotamien und Nordsyrien entsprechen tatsächlich viel besser als Babylonien den Voraussetzungen, die für das Aufkommen einer solchen parthisch-syrischen, die großen Heroen der beiden Nationen identifizierenden Geschichtsauffassung nötig sind. In den

[155] *Wikander*, Der arische Männerbund, S. 103f.

[156] Man denkt an die im folgenden erwähnten Identifikationen Zarathustra-Seth, Zarathustra-Baruch.

[157] Der Text sagt, daß Nimrod Edessa zugleich mit anderen Städten erbaute. Da nun der Name Edessa der einzige ist, der ausdrücklich erwähnt wird, haben wir es hier offenbar mit einer edessenischen Lokaltradition zu tun. In der vorausgehenden Notiz wird von der Feuerverehrung gesprochen; also wird wohl auf die Identifikation Nimrod-Zoroaster hingedeutet. Nach Chronique de Michel le Syrien I, S. 20 hat Nemrod die drei Städte Arak, Or und Kala, d.h. Edessa, Nisibis und Seleukia, gebaut. Also wiederum wird Nimrod als Bauherr für Edessa in Anspruch genommen. Vgl. ferner *Markwart*, A Catalogue of the Provincial Capitals of Ērānshahr, S. 65, wo vermerkt ist, daß diese Tradition auf Afrem den Syrer zurückgeht.

[158] So *Götze*, Die Schatzhöhle, S. 39ff. über die iranische Anschauungen besitzenden Sethianer. Literarische Gestalt hat wohl eine solche Spekulation in Edessa gewonnen, und zwar schon in vorchristlicher Zeit.

[159] Vgl. *Goossens*, Hierapolis de Syrie, S. 141f.; *Bidez & Cumont*, Les mages hellénisés, II, S. 94f., S. 103.

Angaben der Pseudo-Klementinen hätten wir dann einen späten, seitens der juden-christlichen Taufsekten tendenziös verdrehten und böswillig gedeuteten Niederschlag dieser nordmesopotamischen sowie babylonischen Tradition zu sehen. Denn wir bestreiten natürlich nicht den tatsächlich vorhandenen babylonischen Einschlag dieses Traditionskomplexes.

Das Charakteristische dieser Geschichtsauffassung ist, wie wir bereits sahen, die Identifizierung des ,,Riesen" Nimrod mit einem iranischen *Kai*. Die gleiche Identifizierung kommt später bei Mani in seinem ,,Giganten-Buch" wieder vor. Man war früher wohl geneigt, in den in dieser Schrift erwähnten iranischen mythischen Helden einen ursprünglichen, iranischen Einschlag bei Mani zu finden[160]. *Henning*, der alle bisher erreichbaren Fragmente des Giganten-Buches in dankenswerter Weise gesammelt, herausgegeben und interpretiert hat, ist dagegen der Ansicht, daß wir in den iranischen Namen nur iranische ,,Mitübersetzungen" der eigentlichen semitischen Namen zu sehen haben und daß darum das Giganten-Buch Manis, welches ja auch von Anfang an syrisch geschrieben war, ursprünglich gar nicht von iranischen Heroen gehandelt habe[161]. Man könnte versucht sein, dieses Problem bereits auf Grund des schon angeführten Materials zu lösen; wir besitzen jedoch mehr Material, das hier in Betracht kommt. Es gibt nämlich auch eine Identifizierung Zoroaster-Seth, eine Spekulation, mit welcher sich ebenfalls *Bousset* beschäftigt hat. Wichtig ist vor allem seine Feststellung: ,,Dieselbe Schrift, die in der einen Quelle als Offenbarung des Seth erschien, erscheint in der anderen ausdrücklich als Offenbarung des Zarathustra"[162]. Diese Offenbarung enthält die bekannte Prophetie von der Geburt des Erlösers sowie die Erzählung von der Wallfahrt der drei Magier[163].

[160] Bei dieser engen Zusammengehörigkeit ist es also verständlich, daß Mani im Gigantenbuch (BSOAS 11, S. 63) Šitil und Zarathustra als zwei der Apostel unmittelbar nacheinander nennt, immerhin als verschiedene Gestalten. Šitil hat aber Mani, wie uns schon die Namensform belehrt, aus der mandäischen Literatur übernommen, wie auch die bisherigen Analysen bestätigen, vgl. *Baumstark*, OC 36/1941, S. 122; *Säve-Söderbergh*, Studies in the Coptic Manichaean Psalm-Book, S. 81ff. und *Allberry* a.a.O., S. 142:4 Anm., wo er ohne Schlußfolgerungen einige Literaturangaben gibt. Auch in diesem Falle sehen wir also den Zusammenhang zwischen mesopotamischer Gnosis, Mandäismus und Manichäismus mit der hinter diesen Bewegungen stehenden iranischen ,,Volksreligion".

[161] BSOAS 11/1943–46, S. 52f. sagt er sogar: "It is noteworthy that Mani... did not make any use of the Iranian mythological tradition."

[162] *Bousset* a.a.O., S. 381.

[163] *Bousset* a.a.O., S. 378ff.; *Bidez & Cumont* a.a.O., II, S. 126ff.

Daneben treten verschiedene andere Identifikationen auf, die einen noch ausgeprägteren jüdischen Charakter tragen. So wird Zarathustra mit dem weisen Schreiber Baruch identifiziert, der dabei als eine typische Erlösergestalt aufgefaßt wird[164]. Ja, es entsteht eine iranisierte Baruch-Literatur, in der Baruch als der sich zu verschiedenen Zeiten offenbarende Erlöser zum Vorschein kommt, In dem sogenannten Baruch-Buch des Gnostikers Justin (Hippolytos, *Elenchos* V 26, 15ff.) hat diese iranisch beeinflußte Gnosis einen bedeutsamen Ausdruck gefunden[165].

In der soeben erwähnten sethianischen Literatur, die ja auch der Gnosis angehört, hat auch eine andere Identifizierung stattgefunden. In den sethianischen Traditionen, von denen wir verschiedenenorts in der syrischen Literatur einen Niederschlag finden[166], wird nämlich eine rätselhafte Gestalt, Jonṭōn oder Manīṭōn, eingeführt. Nun hat es *Götze* glaubhaft gemacht, daß hier ein altes Korruptel vorliegt und daß eigentlich Frēṭōn zu lesen ist[167]. Danach hätte der alte parthische Heros in den jüdisch-syrischen Traditionen Eingang gefunden.

Es hat aber auch eine syrische Geschichtsschreibung etwas ernsterer Art existiert, die zwar für die ältere Zeit in euhemeristischem Sinn die alten Göttersagen bearbeitete, sich jedoch für die jüngere Zeit in dem Stil einer gewöhnlichen Chronik bewegte. Nur Spuren dieser Geschichtsschreibung sind noch greifbar. Als eine Probe mag das Buch des Syrers Mar Abas aus Nisibis angeführt werden, das dem Moses Xorenaçi als eine Quellenschrift gedient hat. Nach den Untersuchungen *Vetters* enthielt dies Buch wahrscheinlich „eine im partherfreundlichen Sinne geschriebene Weltchronik", die auch „die ältere Geschichte Armeniens bis zur Grün-

[164] *Bousset* a.a.O., S. 379; *Reitzenstein*, Das iranische Erlösungsmysterium, S. 101ff., 264.

[165] *Reitzenstein* a.a.O., S. 5, 102; *Jonas*, Gnosis und spätantiker Geist, Göttingen 1934, S. 335–341, wo er dieses Buch als zum „syrisch-ägyptischen Typus" gehörig klassifiziert. *De Faye*, Gnostiques et gnosticisme, S. 209–216 hat mit Recht auf den semitischen, unphilosophischen Charakter dieser gnostischen Schrift Nachdruck gelegt. Tatsächlich sind ja – wie allgemein anerkannt – die jüdischen Züge überall mit den Händen zu greifen.

[166] *Götze* a.a.O., S. 39ff.

[167] *Götze* a.a.O., S. 60. Das Korruptel scheint sich am leichtesten in parthischer Schrift zu erklären: 𐭐𐭓𐭉𐭈𐭅𐭍 bzw. 𐭌𐭍𐭉𐭈𐭅𐭍 entsprechen פריטון bzw. מניטון. Wie *Götze* hervorhebt könnte immerhin in der syrischen Schrift aus ܦܪܝܛܘܢ ein ܡܢܝܛܘܢ entstehen.

dung der armenischen Arsacidendynastie" umfaßte[168]. In den mythischen oder sagenhaften Teilen dieser Arbeit wurde erzählt, daß Zeruan und Titan und Iapetos die Fürsten der Erde waren (Moses I 9; vgl. I 6 passim). Der syrische Autor, den nach *Vetter* schon Eznik gekannt hat und in welchem *Vetter* einen Gnostiker vermutet[169], hat also Zervan als die Hauptgestalt der mythischen Erzählungen der Parther gekannt. Übrigens finden wir hier in der Schrift des Mar Abas einen interessanten Versuch, die Traditionen der Parther mit denen der Griechen und der mesopotamischen Syrer in Einklang zu bringen. Von diesem Verfasser werden nämlich Chronos, Bel und Nimrod als miteinander identisch betrachtet[170]. Das spricht wiederum für die große Bedeutung der Nimrod-Gestalt in Mesopotamien zur Partherzeit.

Eine große Rolle für die Verwertung parthischer Angaben für die Geschichtsschreibung hat Bardesanes von Edessa gespielt, der in Armenien die Angaben über das parthische Königshaus sammelte, mit seinem eigenen Geschichtswerk vereinte und dann alles in Syrisch übersetzte, wie uns die interessante Notiz bei Moses Xorenaçi II 66 belehrt:

Dieses erzählt uns Bardacan aus Edessa. Denn dieser trat als Geschichtsschreiber in den Tagen des letzten Antoninus auf. Er war zuerst ein Schüler der Sekte des Valentianos (sic), die er aber später verließ und bekämpfte. Ohne zur Wahrheit zu gelangen, aber doch getrennt von jenen spaltete er indessen für sich selbst (eine Sekte die) er gründete. Doch verfälschte er nicht die Geschichte, denn er war ein Mann mächtig in Worten. Er wagte es auch an Antonimus zu schreiben und sprach Viel gegen die Sekte der Marcioniten und gegen das Schicksal und die Götterverehrung, die in unserem Lande (bestand). Er kam hierher aus der Ursache, daß er (versuchen wollte) (ob er) vielleicht jemanden aus den ungebildeten Heiden zu Schüler machen könnte, aber als er nicht empfangen wurde, ging er in die Burg Ani ein und las die Tempelchronik darin, auch die Thaten der Könige, wobei er selbst hinzufügte, was zu seiner eigenen Zeit geschah, und übersetzte alles in die (as)syrische Sprache.

[168] *Vetter*, Festgruß an R. von Roth, S. 88. Die radikale Skepsis, der *Markwart*, Caucasica 6/1930, S. 77 huldigt, scheint mir durch keine positiven Tatsachen begründet. Vgl. auch S. 68 Anm. („angeblich").

[169] *Vetter*, Theologische Quartalschrift 1892, S. 471.

[170] Moses Xorenaçi I 7: *bayç es asēm zKronosd anum ew zBel Nebrovt leal* „ich sage aber, daß der Xronos genannte und Bel (in der Tat) Nebrovt ist." Für die Namensform Nebrod anstatt Nimrod vgl. oben S. 42 Anm. 148. Vgl. ferner Procopius von Gaza, Comment. in Genesim, Kap. 11: Identifizierung Nebrods mit Kronos; Johannes von Antiochia, Fragm. 3: ebenso (zu lesen ist Kronos); beide Stellen angeführt bei *Bidez & Cumont*, Las mages hellénisés, II, S. 56, 60.

zruçē mez zays Bardacan, or yEdesiay.k'anzi na yavurs Antoninosi verǰnoy ereweçaw patmagroł. or yaṙaǰ ašakerteal ēr ałandin Vałentianosi, zor yetoy anargeal yandimaneaç. oč̣ galov 'i čšmartut'iwn, ayl miayn 'i nmanē zatuçeal ayl herjuac yardareaç yink'enē. sakayn zpatmut'iwns oč̣ steaç, zi ēr ayr korovi baniwk', or ew aṙ Antoninos hamarjakeçaw grel t'ułt', ew bazum asaçuacs arar ənddēm ałandoyn Markisnaçwoç ew bašxiç ew kṙoç paštaman, or 'i merum ašxarhis. vasn zi ekn na aysr, orpēs zi ašakertel zok' karasčē 'i xuž het'anosaçs, ew ibrew oč̣ ənkaleal ełew, emut na yamurn yAni, ew ənt'erçeal zmehenakan patmut'iwnn, yorum ew zgorcs t'agaworaçn, yawellov iwr ew or inč̣ aṙ iwreawn, ew p'oxeaç zamenayn 'i lezu asori.

Moses Xorenaçi II 66; *Lauer*, Des Moses von Chorene, Geschichte Groß-Armeniens, Regensburg 1869, S. 126.

Diese Angaben zu bezweifeln sehe ich keinen Grund.

Wir sehen also, daß man auf verschiedene Weise versucht hat, die iranischen und die jüdisch-paganen, semitischen Traditionen miteinander zu verknüpfen und zu vertauschen. Es besteht ein Streben, das iranische und das semitische Element in Kultur und Bevölkerung miteinander in Beziehung zu bringen, ja vielleicht irgendwie miteinander zu vermischen. Die in unseren Augen etwas naiven Geschichtskonstruktionen sollen diesem Zweck dienen. Im Licht dieser Erkenntnis verstehen wir den Hintergrund von Manis Giganten-Buch besser. Mani lebt in der Tradition dieser iranisch-semitischen, speziell syrisch-sprachigen Kulturmischung und setzt lediglich diese Tradition aus parthischer Zeit fort, wenn er in seinem Buch über die Giganten die schon längst vorhandenen Identifikationen zwischen den semitischen „Riesen" und den iranischen Kavis, den Sagenkönigen, durchführt.

Der Geschichtskonzeption, welche wir in Nordsyrien finden und nach welcher die iranischen Sagenkönige in Zusammenhang mit den jüdisch-mesopotamischen Geschichtstraditionen nach einem bestimmten chronologischen Schema zu einem einheitlichen Ganzen verarbeitet werden, begegnen wir außer in dem Giganten-Buch Manis auch in einem anderen Fall in den bisher publizierten Texten. Es werden nämlich Henoch und Vištāspa chronologisch miteinander verbunden und zwar derart, daß Henoch 3288 Jahre vor der Regierung Vištāspas angesetzt wird, wie *Henning* einleuchtend aufgezeigt hat[171]. Es erscheint im Licht unserer jetzigen Kenntnis nicht als glaubhaft, daß Mani selbst eine solche Chrono-

[171] *Henning* a.a.O., S. 73 Anm. 3.

logie und Geschichtsbetrachtung geschaffen habe; wir wissen ja nunmehr, wieviel Mani seiner Erziehung in der „mandäischen" Umgebung in Südbabylonien zu verdanken hatte. In der Tat gibt es im *Ginzā* eine solche Geschichtsbetrachtung des ganzen, dem mesopotamischen Menschen bekannten Weltablaufes, die als solche zwar aus arabischer Zeit stammt, aber bedeutend älteres, ja sogar parthisches Material enthält. In dieser mandäischen Schrift (RG 18. Buch), werden die iranischen Sagenkönige aufgezählt und dann ihre Reihe mit den geschichtlichen Herrschern fortgesetzt bis zu Šērōē, aus dessen Zeit also dieser Text stammt. Die Aufzählung der iranischen Könige ist die älteste bisher gefundene und beansprucht schon aus diesem Grunde unser Interesse. Nun ist dieses chronologische Schema in der allgemeinen Geschichtsbetrachtung in der erwähnten Weise so eingebaut, daß die iranischen Herrscher als mit der Weltschöpfung und der israelitischen Geschichte näher verknüpft erscheinen. Die Liste der iranischen Könige stimmt aber nicht mit der offiziellen sassanidischen überein und muß daher einen anderen Ursprung haben. Auch die Formen ber Namen sind in gewissen Fällen ganz eigentümlich, wie andererseits die Folge der Herrscher bei Frēdōn, Frahrasyān und Kai Xosrau von der iranischen, episch-mythischen Tradition merklich abweicht[172].

Aber auch der Inhalt der kleinen iranischen, auf die Chronologie der Könige folgenden Apokalypse enthält einige ganz sonderbare und auffallend singuläre Details. So wird z. B. gesagt, daß die Landschaft Gōkai östlich vom Tigris in der Umgebung von Seleukia ausgeplündert werden, aber danach 50 Jahre in Blüte stehen soll:

> Wenn 25 Jahre von den 50 Jahren vergehen, erhebt sich ein Goldberg in der Ebene. Sieben Landstriche und sieben Könige kommen auf ihm zusammen und halten eine Versammlung ab. Die Könige erheben sich und ernennen einen König der Könige.
>
> *Ginzā*, Übers. *Lidzbarski*, S. 417, 1–5[173]

[172] Vgl. *Gray*, ZA XIX/1906, S. 272ff.

[173] *Petermann*, RG S. 390: וכד נאפקא סרין והאמיש שניא מן האמשין שניא והאויא טורא דדאהבא בדאשת מיסאק ושובא משאריא ושובא מאלכיא כאנפיא עלא ואבדיא האנשימאן וקאימיא מאלכיא ומשאויא מליך מאלכיא.
Hier ist das technische Wort für „Versammlung" *hanšēman* ein mir. Lehnwort (vgl. oben S. 34), was auch auf einen iranischen Hintergrund hindeutet. Zur Übersetzung bemerke ich, daß ich das rätselvolle "Dast-Misaq" (so *Lidzbarski* z. St.) in *dašt* einerseits und *misaq* andererseits auflöse. Das Wort *dašt* ist natürlich nur *dašt*, Ebene, Steppe. Die Form *misaq* fasse ich als Infin. des Verbums סלק auf, also „Erheben, Erhebung." Tatsächlich setzt die Übersetzung *Lidzbarskis* ein Verbum סלק vor-

Wir kennen diese Wahlversammlung aus parthischer Zeit. Es handelt sich um den „Rat der Kurfürsten", wie *Herzfeld* zutreffend gesagt hat[174]. Aber iranischerseits gab es augenscheinlich auch eine Opposition gegen alles, was in Mesopotamien als artfremd empfunden wurde. Wie wäre es sonst zu erklären, daß Mani eine Überlieferung aufgegriffen hat, die Zoroaster mit Babel verknüpft, als er Marduk besiegt (*Le Coq*, Türkische Manichaica, SBAW 1908, S. 398). Solche Spuren, die in parthische Zeit hinaufführen, sind aber nur schwer aufzuweisen. Offenbar war diese Epoche mehr eine Zeit des Ausgleiches und der Vermischung als des Gegensatzes und des Kampfes.

aus. Für *dašt* als Lw. vgl. unten Beigabe I. Die doch ziemlich geschraubte Wortstellung erklärt sich wohl am besten aus einer vermutlichen Pahlavi-Vorlage.

Von anderen iranischen Zügen erwähnen wir solche Details wie das Nichtvorhandensein des Winters, *Lidzbarski*, Ginza, S. 418:34f., was ja an die Zeit Yimas erinnert, Vd. 2:22, vgl. *Lommel*, Die Yašts des Awesta, S. 198. Ferner heißt es *Lidzbarski* a.a.O., S. 415:20f. „Die Magier und Schriftgelehrten verdrehen durch Eide das Nask und das Buch", wo wieder ein mir. Lehnwort, *nask*, auftritt. „Die Perser, Parther, Rhomäer, Siğistanier und die sonstigen Zungen kämpfen miteinander", *Lidzbarski* a.a.O., S. 416:19f. Hier kann kaum daran gezweifelt werden, daß man sich in parthischer Zeit befindet.

[174] Vgl. *Herzfeld*, AMI 4/1931–32, S. 52ff. „Der Rat der Kurfürsten" besteht eben aus Sieben Häusern. Vgl. ferner *Widengren*, Recherches sur le féodalisme iranien, S. 106f.

VII. Religion

Wir haben mit unseren letzten Bemerkungen schon das Gebiet der Religion betreten. Hier war vieles schon früher bekannt, wenn auch vielleicht nicht immer mit gebührender Deutlichkeit chronologisch festgelegt. So wurde von *Cumont* die Aufmerksamkeit auf die synkretistische Bewegung in Mesopotamien gelenkt, die seiner Meinung nach schließlich zum Emporkommen der Mithrasmysterien, so wie wir sie kennen, führte[175]. Diese Bewegung wurde nach ihm von schon halbwegs aramaisierten Magiern getragen den *m^e^gūšāyē*, die aramäisch schrieben, aber die alten iranischen religiösen Traditionen dem Westen übermittelten[176]. Wir glauben, daß er damit wesentlich recht behalten wird, wenn auch in Einzelheiten vieles nicht standhält[177]. Es wurde hier bereits darauf hingewiesen, daß wir auf den Kultreliefs aus Hatra die mithrazistischen Tiere antreffen, ein charakteristisches Detail, das eine mesopotamische Lokalisierung der Mithrasmysterien stützt. Da andere, hier nicht zu behandelnde Indizien für Nordwestiran, Armenien und den Kaukasus sprechen, dürfte wohl vor allem Nordmesopotamien in Betracht kommen, also die Gegend, in der wir die größte Fusion zwischen iranischen und semitischen Elementen angetroffen haben[178]. Man kann nicht umhin, auf das in diesen Landschaften einst dominierende Mitanni-Reich zu verweisen, wo wir das erste Mal in der Geschichte eine ähnliche Fusion antreffen konnten. Möglicherweise mag auch in den Mithrasmysterien, wie einst im Mitanni, das „asianische" oder „kaukasische" Element eine Rolle gespielt haben.

Das Stieropfer in den Mithrasmysterien hat vielleicht eine Anknüpfung in der spätbabylonischen Opferung eines Stieres im *kalū*-Ritual (*Thureau-Dangin*, Rituels accadiens, Paris 1921, S. 22/3–26/7); denn dieser Stier ist ebenso wie in den Mithrasmysterien besonders nahe mit dem Wachstum verbunden und zugleich eine kosmische Gestalt, nämlich der Himmels-

[175] *Cumont*, Textes et monuments figurés relatifs aux mystères de Mithra, I Bruxelles 1899, S. 8f; Die Mysterien des Mithra, S. 10f.

[176] *Cumont*, Textes et monuments I, S. 9f.; Die Mysterien des Mithra, S. 11f.

[177] Vgl. die Kritik *Wikanders* in Etudes sur les mystères de Mithras, I, die aber entschieden zu weit geht. Seine eigenen Theorien über den Ursprung der Mithrasmysterien können vor einer Nachprüfung nicht bestehen, sondern sind auf einen falsch wiedergegebenen Tatbestand aufgebaut (vgl. *Widengren*, Stand und Aufgaben, S. 114ff.).

[178] Einige von diesen Indizien in unserer Arbeit Synkretistische Religionen. Die orientalischen Mysterienreligionen (Handbuch der Orientalistik).

stier (a. a. O. S. 2). Die mit seiner Opferung in Verbindung stehenden Riten werden als Geheimlehren dargestellt (a. a. O. S. 16/7: 29–32) und der Stier in *bīt mummu*, also ins „Haus des Wissens", gebracht (a. a. O., S. 32/3, 25 *enūma alpa ana bīt mummu tušēribu*). Vorstufen der Mysterienpraxis werden hier greifbar, und man kann verstehen, wie eine babylonisch-iranische Mysterienpraxis und Geheimlehre hat aufkommen können.

Während der Stier in diesem Falle schwarz, *ṣalmu*, sein soll (a. a. O., S. 10/1: 2), wird – noch wichtiger – im Neujahrsfest-Ritual in Babylon ein göttlicher Stier, *ᴰalpu*, von weißer Farbe, *piṣû*, vor einem Graben, *ana pāni būri*, geschlachtet. *Thureau-Dangin* (a. a. O., S. 146) erblickt in diesem weißen Stier den Himmelsstier als Tierkreiszeichen und vergleicht Georgica I 217:

Candidus auratis aperit cum cornibus annum
Taurus

Viel wichtiger noch ist es aber, zu bemerken, daß der Stier in den Mithrasmysterien eben weiß war und daß dieser weiße Stier in der iranischen Religion alte Ahnen besitzt, da der parthische Heros Farīdūn (Frētōn) eben auf einem weißen Stier reitet, und dieses am Tage des Mihr (Mithra) selbst (*Widengren*, Hochgottglaube, S. 362. 372)! Der von Mithra geschlachtete Stier ist weiß, vgl. hier Fig. 32. Es ist wohl einleuchtend, daß sich hier ein Zusammentreffen von mesopotamischer Kultpraxis und mythischer Spekulation mit entsprechenden iranischen Gebräuchen und Vorstellungen ergeben hat.

Die Mithrasmysterien hängen irgendwie mit der zervanitischen Religion zusammen[179]. Der im Zervanismus vorherrschende Schicksalsglaube bot natürlich eine Gelegenheit, in der iranischen Religion die babylonischen astralen Vorstellungen aufzunehmen, und das ist auch in reichlichem Maße geschehen[180]. Aber der Zervanismus, mit diesen astralen Elementen verquickt, hat auch außerhalb der Mithrasmysterien einen gewaltigen Einfluß ausgeübt, und zwar durch die Aionspekulation[181].

[179] Das haben schon *Cumont* und *Benveniste*, The Persian Religion, S. 69, 115 gesehen. Vgl. ferner *Widengren*, Stand und Aufgaben, S. 91ff., wo die iranische Grundstruktur der Mithrasmysterien aufgezeigt wird.

[180] Vgl. besonders *Cumont*, Textes et monuments figurés I, S. 8, 11, 230f., *Bousset* a.a.O., S. 55.

[181] Vgl. *Junker*, Über iranische Quellen der hellenistischen Aion-Vorstellungen, Vorträge der Bibliothek Warburg I; *Reitzenstein*, Das iranische Erlösungsmysterium, Beigabe 1.

Diese Aionspekulation hat nicht nur in der paganen semitischen Welt Eingang gefunden, sondern auch die jüdische Religion beeinflußt[182]. Vor allem aber hat die zervanitische Welt- und Geschichtsbetrachtung mit ihrer Verteilung der Weltepochen – in eine von der bösen persönlichen und in eine andere von der guten Macht beherrschte – vielen jüdischen Kreisen mächtig zugesagt[183]. Die jüdische Apokalyptik besitzt zwar gewisse vorderorientalische Voraussetzungen, kommt aber erst unter iranischem Einfluß empor und wird von dem iranischen Schema erfüllt[184]. Diese jüdische apokalyptische Bewegung ist indes nur eine Teilerscheinung in dem apokalyptischen Rausch, der sich des semitisch-iranischen Orients um diese Zeit bemächtigt und durch den sich auch die politischen Hoffnungen einer römerfeindlichen Stimmung Ausdruck verschaffen. Hier spielen die iranischen apokalyptischen Verheißungen schon seit den Tagen des Mithradates Eupator von Pontus die größte Rolle. In den einst weitverbreiteten Orakeln des Hystaspes haben sie in parthischer Zeit sowohl unter Semiten als auch unter Parthern den leidenschaftlich „prorientalischen Gefühlen" einen literarisch faßbaren Niederschlag verschafft[185]. Die Geburt des östlichen Erlöserkönigs wird hier triumphierend

[182] *Reitzenstein*, Die hellenistischen Mysterienreligionen, 3. Aufl. S. 146ff. Dieser Aion ist aber schon ein semitisch-iranischer synkretistischer Aion mit Fruchtbarkeitszügen. Vgl. ferner Das iranische Erlösungsmysterium, S. 171–188.

[183] Bei *Bousset-Gressmann*, Die Religion, vermißt man den Vergleich mit der zervanitischen Lehre von Ahriman und Ōhrmizd als den Herrschern der zwei Weltalter, der 9000-Jahr-Periode und der folgenden 3000-Jahr-Periode (vgl. *Nyberg*, JA 1931, S. 73, 76). Der Teufel der jüdischen und christlichen Dokumente, ὁ ἄρχων τοῦ κόσμου τούτου oder ὁ θεὸς τοῦ αἰῶνος τούτου, entspricht vollkommen Ahriman als dem *šāh* dieser gegenwärtigen Welt(periode), während Ōhrmizd der *pātixšāh* ist, ebenso wie Gott oder Messias (Christus) der souveräne Herrscher ist (vgl. für die jüdisch-christlichen Termini und einige mandäische, aufschlußreiche Parallelen *Bauer*, Das Johannes-Evangelium, 3. Aufl. S. 163 zu Joh. 12, 31. Daß die mandäische Terminologie direkt aus dem Iran beeinflußt wird, kann wohl möglich sein; es ist aber auch möglich anzunehmen, daß hier die jüdischen Anschauungen reproduziert werden. Diese Frage wird bei *Widengren*, Quelques rapports, S. 234 Anm. 3 besprochen.

[184] Der iranische Einfluß auf dem apokalyptischen Gebiet ist sehr gut dargestellt bei *Bousset-Gressmann* a.a.O., S. 506–513. Vgl. auch *Reitzenstein*, Das iranische Erlösungsmysterium, S. 231f. Einige ergänzende Bemerkungen bei *Widengren*, Religionens värld, 2. Aufl. S. 350–367, wo S. 362 die iranischen Begriffe *zamān i kanārakōmand* und *zamān i akanārak* mit dem gegenwärtigen und dem kommenden Aion verglichen werden. Vgl. ferner *Widengren*, Stand und Aufgaben, S. 133, und ausführlicher Quelques rapports, S. 232ff.

[185] Vgl. *Windisch*, Die Orakel des Hystaspes, S. 70.

vorausgesagt[186]. Voll Hoffnung und Sehnsucht späht man am Himmel nach seinem Geburtsstern[187].

Diese apokalyptischen Stimmungen vermählen sich mit einer gnostischen Frömmigkeit. Schon *Reitzenstein* war bestrebt, diese gnostische Religiosität, die er „die iranische Volksreligion" nannte, zu finden[188]. Heute können wir nicht mehr von *der* iranischen Volksreligion sprechen, weil wir wissen, daß es mehrere gegeben hat[189]. Wichtig ist aber, daß erstmalig von *Reitzenstein* versucht wurde, Formen von neben dem Zoroastrismus existierenden iranischen Religionstypen als den Westen entscheidend beeinflussenden Faktoren herauszuarbeiten. Etwas spukhaft wirkt es darum, in der nicht-iranistischen Literatur noch immer nicht nur den Zoroastrismus, sondern sogar den Parsismus (!) paradieren zu sehen. Daß diese Formen iranischer Volksreligion der Ausgangspunkt der gnostischen Frömmigkeit gewesen sind, wagen wir heute mit Sicherheit zu behaupten. In der Gestalt, wie sie uns in der Partherzeit greifbar werden, sind sie aber oft schon von der semitischen Kultur stark beeinflußt und darum selbst ein Symptom des „Iranismus", wie *Cumont* mit Recht die von der mesopotamischen Kultur geprägte iranische Zivilisation nannte[190]. Diese eschatologisch eingestellte, apokalyptisch-gnostische Frömmigkeit ist es, die auch der jüdischen Religion entscheidende Ideen übermittelt hat[191]. Wichtig ist indessen, wie diese im Westen neue Frömmigkeit in der Gestalt von Taufreligionen in Erscheinung tritt. Auf einmal geht eine Taufbewegung mit gnostischen Ideen von Mesopotamien aus nach Westen und breitet sich unter den Juden aus. Die Geschichte dieser verschiedenen jüdischen Taufsekten ist immer noch nicht zu schreiben; aber dank der

[186] *Windisch* a. a. O., S. 72; *Bidez & Cumont* a. a. O., I, S. 53.

[187] *Bidez & Cumont* a. a. O., I, S. 53 haben den iranischen Charakter der Sternprophezeihung hervorgehoben.

[188] *Reitzenstein*, Das iranische Erlösungsmysterium, S. 94, 150; SAS, S. 126f. Leider hat er nicht näher ausgeführt, was er damit meint, lediglich daß er diese Volksreligion als mit mesopotamischen Vorstellungen und Bräuchen gemischt betrachtet.

[189] So schon grundsätzlich *Benveniste*, The Persian Religion; später *Nyberg*, *Widengren* und *Wikander*. Gewisse Andeutungen auch bei *Moulton*. Vgl. *Widengren*, Stand und Aufgaben, S. 151f.

[190] Vgl. *Cumont*, Die Mysterien des Mithra, S. 19.

[191] Die Einwirkung gnostischer Sakramentsfrömmigkeit, Eschatologie und Apokalyptik können wir hier natürlich nicht im einzelnen verfolgen. Prinzipiell gesehen wird wohl dieser Einfluß allgemein zugegeben; nur streitet man über den Umfang des iranischen Einflusses. Die ganze Frage ist bei *Widengren*, Quelques rapports, S. 223–239 behandelt. Vgl. jetzt auch *Doresse*, Les Livres secrets, S. 170f.

Funde von Qumran beginnen wir doch klarer zu sehen[192]. Es ist kein Zufall, daß auch unter den durch diese Handschriften deutlich werdenden „Essäern" sich die iranischen, dualistisch-gnostischen Vorstellungen mit Sakramentspraxis, besonders der Taufe, vermählen[193].

Daß die Toten-Meer-Rollen ein so gewöhnliches iranisches Lehnwort wie *rāz*, Geheimnis, Mysterium, verwenden, nimmt nicht Wunder und besagt an sich vielleicht nicht viel. Man notiert aber, daß eben dies Wort zu denjenigen gehört, die auf eine nicht-persische Form zurückgehen[194] und deren medisch-parthischer Ursprung darum wohl als gesichert gelten kann. Größeres Interesse beansprucht der Umstand, daß man in denselben Texten das Wort *naḥšīrā* gefunden hat, das ein typisches parthisches Wort ist (*naxčīr*)[195]. Es ist vom Gesichtspunkt der allgemeinen Kultur der Zeit gewiß nicht ohne Bedeutung zu sehen, wie die Juden, um die Jagd oder sogar den Krieg zu bezeichnen, in diesem Fall zu einem Terminus technicus gegriffen haben, der für die Lebensart der feudalen Gesellschaft der Parther so bezeichnend ist. – Das Wort *naxčīr* verwendet nämlich der kleine Roman Kārnāmak i Artaxšēr i Pāpakān in seiner Schilderung einer Jagd am Hofe des Königs Ardavān, des letzten parthischen Großkönigs (Kn. I 28ff.). Mit diesem Lehnwort ist in der jüdischen Gesellschaft eine Vorstellung aufgenommen, die für das Leben der Iranier beinahe ebenso charakteristisch ist wie das Wort „Gymnasium" für die griechische Art zu leben[196].

Dasselbe Wort *naḥšīrā* treffen wir übrigens auch auf dem eigentlichen aramäischen Sprachgebiet, nämlich Talmud-Aramäischen[197], im Mandäischen und im Syrischen, wo es schon in den ältesten Texten zu finden

[192] Vgl. *Dupont-Sommer*, Les manuscrits de la mer morte; Observations sur le Manuel de Discipline; Nouveaux aperçus sur les manuscrits de la mer morte; *Rowley*, The Zadokite Fragments and the Dead Sea Scrolls.

[193] Über die iranischen dualistischen Einschläge vgl. *Dupont-Sommer*, RHR 142/1952, S. 5–35; *Kuhn*, ZThK 49/1952, S. 296–316. *Kuhn* a. a. O., S. 315 findet „es ratsam, die Verwendung des Wortes Gnosis bei den Sektentexten ganz fallen zu lassen"; aber die Essäer scheinen doch deutlich gnostischen Vorstellungen zu huldigen, und *Dupont-Sommer* hat keine Bedenken, von Gnosis zu sprechen. Vielleicht ist es indessen besser, die kommenden Publikationen abzuwarten; denn diese werden vielleicht Licht auf diese Frage werfen.

[194] Vgl. *Telegdi*, JA 226/1935, S. 223.

[195] Das Wort wurde sofort als iranisches Lehnwort erkannt, und *Menasce*, VT VI/1956, S. 213f., hat die Aufmerksamkeit auf den parthischen Ursprung des Wortes gerichtet.

[196] Vgl. *Widengren*, Quelques rapports, S. 222. Meine dortigen Formulierungen habe ich oben im Text z. T. wörtlich wiedergegeben.

[197] Vgl. oben S. 26 Anm. 93 und Beigabe I. S. 95.

ist[198]. Wir haben es also hier mit der Verbreitung eines technischen Wortes zu tun, das, weil so ungemein typisch, einen großen Erfolg als Lehnwort gehabt hat und also, wie schon gesagt, an seinem Teile auch den Einfluß bezeugt, der von den Sitten der feudalen parthischen Gesellschaft auf die semitische Bevölkerung des Vorderen Orients ausgegangen ist.

Die allgemeine These *Reitzensteins* in seinem vieldiskutierten Buch „Das iranische Erlösungsmysterium" erfährt hierdurch eine konkrete Bestätigung[199]. Sogar die von ihm aufgebotenen Mandäer treten – vielleicht nicht zur ungemischten Freude aller Mitforscher – wieder auf die Bühne, um nochmals eine Hauptrolle zu spielen[200]. Wir haben bereits gesehen, wie stark eben der parthische Einschlag im Wortschatz der Mandäer ist. Dabei ist aber zu beachten, daß auch manche mittelpersische Wörter ziemlich alt sein können und nicht erst aus sassanidischer Zeit stammen müssen[201]. Besonders fällt auf, daß so viele Wörter in der religiösen

[198] Vgl. *Brockelmann*, Lex.Syr., S. 424 a, wo übrigens die mparth. Form fehlt und nur die neupers. geboten wird.

[199] Er hätte schon damals eine stärkere Wirkung erzielen können, wenn er das zur Verfügung stehende jüdische Material konsequenter in seine Darstellung einbezogen und u. a. nicht die jüdischen Taufsekten vernachlässigt hätte. In dieser Hinsicht bietet das Buch von *Cullman*, Le problème littéraire et historique de roman Pseudo-Clémentin, Paris 1930, eine willkommene Ergänzung. Für den etwaigen Zusammenhang zwischen der pseudoklementinischen Literatur und den Qumran-Texten vgl. die kurzen Andeutungen bei *Baumgartner*, ThR 19/1951, S. 150 (zu denen allerdings zu bemerken ist, daß in den Q.-Schriften die Taufriten gar nicht fehlen; vgl. DSD III 4–9; V 13–14; CDC X 10–13, und für die ganze Frage *Dupont-Sommer*, Observations, S. 27f., sowie Nouveaux aperçus, S. 132ff.).

[200] Durch die Arbeit von *Säve-Söderbergh* (vgl. oben S. 45 Anm. 160) ist ja ein Kern der mandäischen Schriften rund 250 n. Chr. zu datieren. Die Analysen von *Schou-Pedersen* (vgl. unten S. 70 Anm. 245) haben ferner dargelegt, daß die Mandäer schon in urchristlicher Zeit existiert haben. Endlich haben wohl die Resultate in *Widengren*, Mesopotamian Elements, mit denen *Säve-Söderberghs* zusammengehalten, dargelegt, daß die Mandäer die Vertreter einer vorchristlichen, mesopotamischen Gnosis mit iranischen Einschlägen sind. Überaus wichtig ist es, daß ihre Selbstbezeichnung als Nāṣorāiē nicht als eine von den Christen entlehnte Bezeichnung zu verstehen ist, sondern daß diese Bezeichnung auf iranischem Gebiet schon rund 250 n. Chr. eine, mit den Christen wetteifernde Bewegung bezeichnet, wie aus der Karterinschrift Z. 10 hervorgeht (AJSL 57/1940, S. 221). Die parthischen Lehnwörter auf dem religiösen Gebiet bestätigen diese frühe Ansetzung der Mandäer oder, wenn man lieber will, der Proto-Mandäer. Vgl. für das prinzipielle Problem *Widengren*, Die Mandäer (Handbuch der Orientalistik).

[201] Die Priesterkönige von Fārs, die sich *frātadāra* nannten (vgl. *Wikander*, Feuerpriester, S. 15f., 66), waren die Vertreter einer Religionsform, die im benachbarten Mesopotamien schon früh einen bedeutenden Einfluß ausgeübt haben könnte. Mit dieser Möglichkeit ist durchaus zu rechnen, besonders weil wir auf ihren Münzen eben das kultische Banner, *drafšā*, finden. Die Mandäer haben sowohl denselben Namen, דראפשא, wie auch die Fahne als Kultsymbol, vgl. die folgende Anm.

Sprache, zumal solche für Teile der Kulttracht, rein iranisch sind[202]. Dies dürfte schwerlich Zufall sein. Gerade in dieser Taufbewegung tritt aber der babylonische Einschlag sehr deutlich hervor[203]. Ebenso sehen wir in anderen gnostischen Taufbewegungen, daß sich der babylonische Hintergrund – sogar geographisch-lokal – klar abzeichnet[204]. Man ist darum versucht anzunehmen, daß schon in Mesopotamien, dem Land der rituellen Waschungen seit sumerischer Zeit, sich eine iranische Religiosität mit gnostischen Zügen mit einem spätbabylonischen Religionstypus von „Mysteriencharakter" mit Taufpraxis vermischt hat. Nur so sind die zahlreichen Taufbewegungen eben in Mesopotamien zu erklären[205].

Es ist bedeutsam, daß die Mithrasmysterien sich in Mesopotamien Eingang gefunden haben, was wir nicht nur für eine Grenzfestung wie Dura, sondern auch für Babylon (vgl. Lukianos, Menippos) und nunmehr sogar (durch die Ausgrabungen) für Uruk belegen können.

Aber auch in Palästina finden wir eine Menge von gnostischen Taufsekten. Ihr Zusammenhang mit Mesopotamien liegt noch im Dunkel. Wir haben hier jedoch die allgemeinen kulturellen und ökonomischen Verbindungen in Betracht zu ziehen. Tatsächlich stand Palästina während

[202] Vgl. *Widengren* RoB V/1946, S. 39f. Hier ist auch ein anderes Wort zu verzeichnen, nämlich *gawāzā*, גאואזא < mir. *gavāz*, vgl. unten Beigabe I, S. 93. Dieses Wort findet sich im mandäischen Schrifttum in der Bedeutung „Olivenstab", vgl. Johannesbuch I, S. 173, 4; Mandäische Liturgien, S. 21, Anm. 2.

Bedeutsam ist nun, daß eben dieser Terminus, der ja in Avesta Vd. 14: 10 den Ochsenstachel Yimas bezeichnet und ein Hapax legomenon ist, im Mandäischen Eingang gefunden hat und sogar ein kultisches Gerät bezeichnet. Welche Kreise hier hinter der Verbreitung dieses Wortes gestanden haben, vermögen wir noch nicht zu sagen. Jedoch gehen wir wohl nicht fehl, wenn wir auch hier wegen des Armenischen eine nordwestliche, parthische Herkunft des Terminus vermuten. Orthodox zoroastrisch dürfte dieser Terminus jedenfalls nicht sein; denn sonst wäre er wohl schon im zoroastrischen Schrifttum wiedergefunden worden, was nicht der Fall zu sein scheint.

[203] Vgl. *Widengren* a. a. O., S. 38ff. und im allg. Mesopotamian Elements. Das Hauptdogma ist indessen im Mandäismus wie auch im Manichäismus iranisch (vgl. *Widengren*, The Great Vohu Manah).

[204] Vgl. *Widengren*, RoB V/1946, S. 31 mit Hinweis auf Hippolyptos V 9, 21–22.

[205] Hierbei ist in Betracht zu ziehen, daß sowohl Anāhitā-Kultus wie Mithrasmysterien eine Taufzeremonie kennen. Dadurch bot sich ein Anknüpfungspunkt für eine synkretistische Bewegung; vgl. *Reitzenstein*, Vorgeschichte, S. 35ff., wo aber die so wichtigen mesopotamischen Wasser-Riten ganz außer Acht gelassen sind. An die Mithrasmysterien hat auch *Dupont-Sommer* in Zusammenhang mit der heiligen Mahlzeit der Qumran-Texte gedacht; vgl. Nouveaux Aperçus, S. 136. Die Mithrasmysterien kennen ebenfalls eine Art von Eucharistie, Justinus, Apol. 66; Tertullianus, De praescr. haeret. 40.

dieser Zeit, wie bereits angedeutet wurde, mit den Parthern in regem Verkehr, und das gleiche gilt auch von den Juden in Mesopotamien, wie durch die Bekehrung des Königshauses von Adiabene bewiesen wird[206]. Als ein Teil der allgemeinen religiös-kulturellen Entwicklung lassen sich daher diese semitisch-iranischen Taufsekten wohl begreifen[207]. Die Kultbräuche sind zwar im allgemeinen babylonisch; einzelne iranische Einschläge fehlen jedoch nicht, – ganz abgesehen z. B. von der Kulttracht unter den Mandäern. So ist *drafšā*, das mandäische Kultsymbol, dasselbe Wort wie das iranische, *aber* von den Zoroastriern verpönte Kultsymbol, die Fahne der iranischen Männerbünde mit ihren geheimen Kultpraktiken[208]. In die gleiche Richtung führten schon unsere Beobachtungen über den parthischen Hintergrund des Liedes von der Perle. Wichtig scheint uns hier vor allem zu sein, daß die dort vorausgesetzte feudale Struktur der Gesellschaft auch in der mandäischen Literatur wiederkehrt, so daß wir auch dort den *parwānqā* finden, daneben aber unter den schon verzeichneten Begriffen auch solche wie *adyawrā*, die wie *parwānqā* aus der politisch-feudalen Sphäre in die religiöse gewandert sind, um als Symbolbegriffe in der gnostischen Kunstsprache zu dienen[209]. Auch wenn wir nicht die iranischen Termini selbst im Mandäischen antreffen, so können wir doch bisweilen deutlich den iranischen Charakter des soziologischen Hintergrundes spüren, so wenn des öfteren von den „Erziehern" die Rede ist[210]. Diese „Erzieher" oder „Ernährer" sind eine für die feudale iranische Gesellschaft typische Erscheinung mit indo-germanischen Ahnen, die sich

[206] Über diesen Verkehr vgl. den oben S. 41 behandelten literarischen Niederschlag bei Josephus. Als eine sozusagen parthische Ausfallspforte hat wohl Palmyra gedient, vgl. oben S. 16f.. Auch das Haurangebiet, wo sich Spuren der Mithrasverehrung finden (Syria XXIX/1952, S. 67ff.), ist sicherlich von Wichtigkeit gewesen.

[207] Man hat m. E. die Taufsekten sowohl in Palästina-Syrien wie auch in Mesopotamien bisher zu isoliert betrachtet, vgl. doch *Bousset-Gressmann* a. a. O., S. 465.

[208] Vgl. oben S. 56 Anm. 201 Über *drafša* als Kultsymbol der iranischen Männerbünde *Wikander*, Der iranische Männerbund, S. 63–66.

[209] Über *adyāvar* in der parthischen feudalen Sprache siehe in meiner Arbeit Feudalismus im alten Iran, Kap. I.

[210] Folgende Stellen sind hier zu verzeichnen: Ginzā, Übers. *Lidzbarski*, S. 328: 31f. (vgl. 28–29) = ed. *Petermann* S. 323, 8–9; Ginzā, Übers. *Lidzbarski*, S. 346: 19–22 = ed. *Petermann* S. 335, 14ff. Vgl. auch Ginzā, Übers. *Lidzbarski*, S. 108: 2; 329: 34–36 = ed. *Petermann* S. 324: 3–4; Ginzā, Übers. *Lidzbarski*, S. 431: 30f.; Mandäische Liturgien, S. 160: 7–8. Auch solche Termini wie „Freund", „Bruder" und „Schüler", die in der mandäischen Literatur vorkommen, haben ihre parthischen Entsprechungen und werden von mir behandelt.

von der Struktur der semitischen Gesellschaft deutlich absetzt[211]. Gerade solche Einzelzüge sind so wertvoll, weil sie aufzeigen, wie die gesellschaftliche Gliederung der parthischen Oberherren die religiöse Symbolsprache ihrer semitischen Untertanen beeinflußt hat.

Ein anderes Detail aus der mandäischen Kunstsprache mag hier Erwähnung finden. Als der Erlöser von der himmlischen Höhe ausgesandt wird, stellt er dem Höchsten Gott verschiedene Fragen, die seine Angst vor der bevorstehenden Aufgabe bekunden, darunter auch die folgende:

> Wenn die Bösen mich in ihrer Burg gefangen halten,
> wer wird mir ein Erlöser sein?
> *Lidzbarski*, Das Johannesbuch, Kap. 66, S. 221

Diese Sprache ist von dem gleichen militärisch-ritterlichen Milieu geprägt, das wir schon früher als das typisch parthische haben bezeichnen können[212]. Wird man nicht hier an die Kampfschilderungen in Zātspram,

[211] Für die Erzieherinstitution, die ja auch im Lied von der Perle v. 2 angedeutet ist, vgl. *Widengren* a. a. O., Kap. III.

Diese Einrichtung kennen wir übrigens gut aus Adiabene; vgl. das Martyrium des Mar Pethion, AM 2, S. 559–631, insbes. S. 561: 7, 18; 562: 13, 15, 21; 563: 4.

[212] Wenn sich der Erlöser in die Burg der finsteren Weltmächte begibt, um sie zu erstürmen und zu zerstören, so ist das in symbolisch-religiöser Sprache derselbe Vorgang, welcher in der iranischen Epik erscheint, nur zum ritterlichen Abenteuer novellestisch ausgeformt. In beiden Fällen tritt der Held in Verkleidung auf, im Lied von der Perle der Königssohn, in Šāhnāmah verschiedene Helden (Rustam, Isfandiyār) und in Kārnāmak Artaxšēr i Pāpakān, bezeichnenderweise in diesen beiden Fällen als Kaufmann, was damit übereinstimmt, daß der gnostische Erlöser das *lucrum spirituale* erwirbt. Wir haben also hier den gleichen Übergang vom Mythisch-Rituellen zum Epischen, den *Wikander* in La Nouvelle Clio I/1950, S. 310 behandelt hat. Was im Folgenden kurz angedeutet ist, habe ich in meinem Vortrag in Liège ausführlicher behandelt, vgl. oben S. 40 Anm. 139.

Die Stelle *Allberry*, A Manichaean Psalm-Book II, Stuttgart 1938, S. 204, 7ff. stimmt gut mit Ginzā, Übers. *Lidzbarski*, S. 70, 32ff. überein. Ferner liegt Übereinstimmung zwischen den mandäischen und den manichäischen Texten darin vor, daß der Erlöser, bevor er sich in die Tiefe stürzt, um den Streit mit dem Herrn der finsteren Mächte aufzunehmen, sich waffnet und gürtet (Psalm-Book II, S. 204: 24–26: ⲁϥⲥⲁⲕϥ̄ ⲁϥⲙⲁⲣϥ̄ ⲛ̄ⲥⲏⲧϥ (ⲥⲁⲥⲏⲧϥ̄). Hiermit ist die ganz gewöhnliche mandäische Phrase zu vergleichen:

Das große (Leben) rief, beauftragte und gürtete mich.
Ginzā, Übers. *Lidzbarski*, S. 295: 17.

Dieser Ausdruck ist von *Lidzbarski* nicht vollkommen richtig verstanden; denn er übersetzt hier und anderswo זאריז mit „rüsten", z. B. in der häufigen Wendung „gegürtelt und wohlgegürtelt" זריזא ומזארזא z. B. *Lidzbarski*, Mandäische Liturgien, S. 225:2.

Der Vergleich mit den koptischen manichäischen Texten macht den Sinn ganz klar; aber den konkreten Hintergrund erfassen wir nur mittels einer Analyse des iranischen Feudalismus, wie ich ihn schon ZRGG 4/1952, S. 109 angedeutet habe.

Bundahišn und an die koptisch erhaltenen manichäischen Psalmen erinnert?

In der mandäischen Literatur ist der Ausdruck „der Finsterberg" bekannt[213]. Mit diesem Ausdruck ist nicht nur „die Finsterstadt" indem Cyriacus-Gebet zu vergleichen, sondern auch „der finstere Fürst" in dem Christophorus-Martyrium und „der Finsterwald" in der nordischen Eschatologie, Ausdrücke, die einen chthonischen Hintergrund besitzen und durch gewisse kultisch-soziologische Einrichtungen der parthischen Gesellschaft zu erklären sind[214].

Schon *Bousset* hat darauf hingewiesen, daß der Bericht von der Besiegung und Fesselung des Ūr in der mandäischen Literatur an die Erzählung von dem Sieg Frētōns über den Drachen Aždahāk erinnert[215]. In diesem Zusammenhang ist es wichtig zu vermerken, daß Ūr und Rūhā stets einander begleiten als männliche und weibliche Gestaltung des bösen Prinzips, ganz so, wie in dem mittelpersischen Schrifttum Ahriman neben sich eine weibliche Gestalt, Āz, hat, wie *Bousset* gleichfalls gesehen hat. Seitdem wir aber über die Gestalt der Mutter des Drachen näher unterrichtet sind, können wir eine noch zutreffendere Entsprechung finden und hinter den mandäischen Gestalten Ūr und Rūhā die iranischen Typen Aždahāk und seine Mutter Ōtak wiederfinden[216].

Es ist uns natürlich auf diesem knappen Raum nicht möglich, *alle* iranischen Elemente in der mandäischen Literatur zu behandeln, sondern wir müssen uns damit begnügen, einige besonders auffällige Tatsachen ans Licht zu ziehen, die früher ganz oder zum guten Teil vernachlässigt waren. Unter diesen iranischen Einschlägen befindet sich auch die Geschichtsauffassung, auf die wir bereits die Aufmerksamkeit richteten[217].

[213] Vgl. *Säve-Söderbergh*, Studies in the Coptic Manichaean Psalm-Book, S. 126ff., wo auch manichäische Stellen verzeichnet sind. Der Gegensatz ist „der Weissberg"!

[214] Für die „Finsterstadt" im Cyriacusgebet vgl. den syrischen Text ZNW XX/1921, S. 27: 2, für den finsteren Fürsten im Christophorusmartyrium *Reitzenstein*, KÅ XXIV/1924, S. 136, für den Finsterwald a. a. O., S. 133 Anm. 1. Wir können einige iranische Ausdrücke aus den manichäischen Texten hinzufügen: M 10 Z. 16 b *ārām čē tārīγān*; T II D 178 I R 5 b *dar tārīγ*; Theodor bar Konai bei *Pognon*, Inscriptions mandaites, S. 128: 6. Für die Schilderung des Schlangenkönigs in der „Finsterstadt" im Cyriacusgebiet vgl. die entsprechenden Schilderungen in der mandäischen Literatur. Diese Stellen sind bei *Sundberg*, Kushṭa, S. 96—102, verzeichnet und behandelt.

[215] *Bousset*, Hauptprobleme der Gnosis, S. 41.

[216] Für Ōtak vgl. *Wikander*, Vayu I, S. 171ff.

[217] Vgl. oben S. 49f.. Die iranischen Elemente im Mandäismus wurden nach *Reitzenstein* besonders von *Kroll*, Gott und Hölle, S. 271–299 hervorgehoben.

In Anbetracht aller dieser Kriterien, zumal der sprachlichen, für einen starken iranischen und speziell medisch-parthischen Einfluß in der mandäischen Literatur gewinnt natürlich die mandäische Überlieferung vom Ursprung der mandäischen Gemeinde in den medischen Bergen mehr Bedeutung, als ihr gewöhnlich beigemessen wird.

Noch eins muß in diesem Zusammenhang zuletzt betont werden. Auffallend war es von Anfang an, als man begann, die Qumran-Texte zu deuten, daß wir hier mit einer militärisch gegliederten Körperschaft Bekanntschaft machten. Auffallend auch, wie die militärische Terminologie die Sprache des Textes von dem Reglement des Krieges, den die Söhne des Lichtes führen, prägte[218]. Es scheint bisher nicht beobachtet worden zu sein, daß auch diese Züge sich durch eine Einwirkung seitens einer parthischen kultisch-sozialen Kriegerorganisation, wie wir sie als die ursprüngliche, rein iranische Grundlage der Mithrasmysterien vermuten, erklären lassen[219]. Mit den hier herausgearbeiteten anderen Merkmalen der parthischen Religion zusammengehalten würde sich vielleicht der iranische Ursprung so mancher spätjüdischer Vorstellungen und Bräuche näher charakterisieren lassen, wie ja auch *Dupont-Sommer* die Mithrasmysterien ausdrücklich in Zusammenhang mit den sakralen Riten der Qumran-Texte nennt[220].

[218] Auch in DSD II 19–23 und CDC XIV 3–5 (vgl. *Dupont-Sommer*, Nouveaux Aperçus, S. 125, 130f.) finden wir solche, ganz militärisch reglementierte Bestimmungen. Es ist ganz besonders auffallend, daß die Einteilung dieser geistigen Armee in Tausend-, Hundert-, Fünfzig- und Zehnerschaften erfolgte, übrigens in Übereinstimmung mit Ex. 18, 21, 25, Deut. 1: 15. Vielleicht liegt schon in der altisraelitischen militärischen Gliederung eine Einwirkung der iranischen Elemente im Mitannireich vor.

Eigentümlich ist, daß laut Mark. 6: 40 Jesus seine Anhänger in Hundert- und Fünfzigschaften gliedert, eben so, wie die iranische Jugend eingeteilt war! Hier liegt wohl doch ein unmittelbarer Zusammenhang mit den Essäern vor.

Die gleiche Einteilung treffen wir ja in den Heeren Irans wieder, wie ich in meinen Feudaluntersuchungen näher ausführe; vgl. vorläufig *Widengren*, Recherches sur le féodalisme iranien, S. 160–165. Wir erinnern in diesem Zusammenhang an die Organisation der Mithrasmysterien mit dem Grad der *milites*, an das *sacramentum*, die *decuriones* usw. Wertvolle Einzelbeobachtungen zu dieser Frage der militärischen Terminologie der Mithras-Mysterien schon bei *Reitzenstein*, Die hellenistischen Mysterienreligionen, S. 192ff., wo der Hinweis auf die parthischen Verhältnisse tiefer geht, als es der Verfasser damals selbst ahnen konnte.

[219] Wir verweisen auf unsere Arbeit Feudalismus im alten Iran, Kap. I.

[220] *Dupont-Sommer*, Nouveaux aperçus, S. 136. Dieser Hinweis bekommt eine willkommene Bestätigung dadurch, daß unzweideutige Spuren einer Mithrasverehrung im Haurangebiete zu finden sind. An die „unleugbaren Beziehungen

VIII. Die Geburtsstätten des Erlöserkönigs

Al-Bīrūnī erzählt,[220a], daß der Gründer der türkischen Dynastie in Kābūl, Barhatagin, eine eigentümliche Zeremonie vorgenommen habe, als er zuerst in das Land kam. Er ging in eine Höhle in der Nähe von Kābūl. In diese Höhle konnte man nur durch einen engen Eingang kriechend gelangen; sie war mit Wasser versehen, und er rüstete sich auch mit Essen aus für mehrere Tage. Die Höhle wurde in den Tagen Bīrūnīs *var* genannt und war immer noch wohlbekannt. Bīrūnī gibt an, Barhatagin habe eine geheime Übereinkunft mit Vertrauten getroffen, welche Leute dazu bewegt hätten, dort Tag und Nacht in Ablösung zu arbeiten, so daß dieser Platz niemals ohne Menschen war. Einige Tage, nachdem der König in diese Höhle hereingegangen war, begann er in Gegenwart dieser Leute, die auf ihn wie auf ein neugeborenes Kind blickten, aus der Höhle herauszukriechen. Er trug türkische Kleider, ein kurzes, vorn offenes Oberkleid, einen hohen Hut, Stiefel und Waffen. Jetzt verehrten ihn die Leute als ein Wesen von wunderbarer Abstammung, das bestimmt war, König zu werden. Und tatsächlich brachte er die Länder unter seine Herrschaft und herrschte über sie mit dem Titel *šāh* (*shâhiya*) von Kabul[221].

Die hier geschilderte Verbindung einer Führergestalt mit einer Höhle, in der sie einige Zeit verbringt, um dann vor die Öffentlichkeit zu treten, kehrt in der Schilderung eines bekannten islamischen Häresiarchen wieder. Von Bihāfarīd († 131 a.H.) wird erzählt, er habe sich einen Tempel kon-

zwischen dem Mandaismus und den Mithrasmysterien“ hat unter Verweis darauf, „daß im Haurān .... ein Mithräum entdeckt worden ist“. *Schaeder* erinnert (OLZ 1928, S. 170). Die Existenz eines Mithraskultus im Zusammenhang mit der Dusaresverehrung steht durch den Fund einer Basaltplatte mit stiertötendem Mithras fest. Spätere Entdeckungen von Mithrasdarstellungen bezeugen, daß die Mithras-Verehrung in Syrien nicht so unbedeutend gewesen ist, wie bisher oft angenommen wurde (vgl. die Übersicht in Syria XXIX 1952, S. 67ff.). Wichtig ist, daß der Hauranfund schon in das 1. Jahrh. n. Chr. zu datieren ist (vgl. die bei *Cumont*, Die Mysterien des Mithras, S. 229 angeführte Literatur).

220a *India*, Übers. *Sachau*, II S. 10 — Text, 207: 5f.)

221 Der Name der Höhle *var* dürfte wohl derselbe wie der Name von Yimas Burg sein, avest. *vara*. Nun ist es aber auffallend, daß mp. *var* auch avest. *vairi* widerspiegeln kann (*Horn*, Grundriß, S. 298: 212) und also auch Teich, Wasserbecken, bedeuten kann. Der Name paßt also sowohl für die Höhle wie auch für das dort befindliche Wasserbecken. Dieser Terminus *var* wird auch für See verwendet, z. B. *var i Čēčišt* Mx. 2: 95, was zu vermerken ist. *Markwart*, Wēhrōt und Ārang, S. 87 deutet das Wort als „Teich“. Für *var* als Bezeichnung dieser Höhle als eine Yima-Burg spricht die Einrichtung mit einer Wasserleitung, vgl. Vd. 2: 26 „dorthin leite Wasser ein Hāthra lang“.

struieren lassen, in dem er sich so, als sei er tot, beisetzen ließ. Heimlich aber hatte er Essen hineingebracht; außerdem war der Tempel mit einer Wasserleitung versehen. So konnte er sich dort ein Jahr lang aufhalten. Er wartete dann die Stunde ab, zu der die Erntearbeiter kamen, um ihre Arbeit zu verrichten. Gekleidet in ein Hemd und einen Mantel von grüner Farbe, Kleider, die er sich auch mitgebracht hatte, trat er dann heraus. Als die Leute ihn sahen, erklärte er: „Ich bin Bihāfarīd, Gottes Apostel an euch[222]".

Wir lassen hier diesen bedeutsamen Text in der Übersetzung *Houtsmas* folgen:

Bihāfarīd war ein Magier aus Zauzan; er kam auf seinen Handelsreisen nach China und brachte von dort ein grünseidenes Unterkleid und ein ebensolches Oberkleid mit, welche man in die Faust zusammenpressen konnte. Er hielt dieselben aber verborgen, tat gebratene und pulverisierte Bocksleber in einen Sack und Zucker und Mandelkerne, beide fein gestoßen, in einen anderen und machte von diesen beiden Säcken zwei Kissen, welche er ebenso verbarg wie die zwei Kleidungsstücke. Danach gab er vor, todkrank zu sein, und ließ für sich ein überaus schönes und geräumiges Mausoleum herrichten, dergestalt, daß das Regenwasser in bestimmtem Maße ihm durch eine Rinne zugeführt wurde. Als er damit fertig war, legte er die beiden Kissen und die beiden Kleider in einem Tuche zu sich und sagte zu seinem Weibe: „Ich werde gewiß sterben; nimm also meine Verfügungen in Acht und erfülle mir einen Wunsch." Das Weib aber hatte ihn herzlich lieb und befragte ihn nach seinen Verfügungen. Er sagte dann: „Lasse mich auf diesem meinem Bette und mit diesen beiden Kissen in dem Grabmal beisetzen, ohne mich davon zu trennen." Sie versprach es und befragte ihn nach seinem Wunsche. Er antwortete: „Besuche mich wöchentlich in meinem Grabmale und wasche dein Gesicht bei der Wasserrinne, welche hineinführt." Sie versprach auch dieses. Darauf stellte Bih'āfarīd sich tot und das Weib ließ die übliche Totenklage für ihn abhalten, ihn auf seinem Bette und mit den beiden Kissen in dem Grabmale beisetzen. Dort speiste er den einen Tag von den Lebern, am anderen vom Zucker und von den Mandeln, trank aus der Wasserrinne das Wasser, womit das Weib ihr Gesicht wusch, und fristete mit diesen Speisen und Getränken ein kümmerliches Leben. Als er ein volles Jahr im Grabmale gelegen hatte, wartete er den Augenblick ab, wo die Leute zur Ernte rings um sein Grabmal versammelt waren, und stand vor ihren Augen auf, nachdem er die beiden grünen Kleider angelegt hatte. Darauf redete er ihnen zu: „O, ihr Leute! Ich bin Bih'āfarīd, Gottes Apostel zu euch gesandt!", wonach sie ihn umringten, ihn willkommen hießen und ihn baten herauszukommen. Sodann kam

[222] Vgl. *Sadighi*, Les mouvements religieux Iraniens, S. 118f. Text bei *Houtsma*, WZKM 3/1889, S. 34.

Vgl. auch *Widengren*, Muhammad, S. 25, 48, 80–85. Für die grünen Kleider vgl. auch Sūrah 18: 30; 76: 21, die Paradiesbewohner tragen ein grünes Sundus-Kleid (für das Wort *sundus* vgl. *Widengren* a. a. O., S. 190f.).

er zu ihnen hinaus und sagte: „Ihr wisset, daß Gott mich vor einem Jahre hat sterben lassen, wie ihr gesehen und gehört habt. Jetzt aber hat er mich wieder lebendig gemacht und mich bekleidet, wie ihr sehet, mit diesen Paradies-Kleidern, wovon es auf Erden nichts ähnliches gibt. Weiter hat er mir geoffenbart, was ich euch sagen werde." Man schenkte ihm Glauben, und viele Leute aus Zauzan und den beiden zu Naisābur gehörigen Distrikten von Chawāf und Zāwa u.s.w. glaubten ihm, und eine mächtige Herrschaft wurde ihm zuteil.

Andere Gestaltungen desselben Motives besagen, daß Bihāfarīd während der Nacht auf einen Tempel (oder Berg) hinaufgeklettert, am Morgen niedergestiegen und von einem Bauern gesehen worden sei (oder sich zu einem solchen begeben habe). Ihm erzählte er nun, er sei vom Himmel heruntergestiegen, habe Himmel und Hölle gesehen und von Gott eine Offenbarung empfangen und von ihm das Hemd als Gabe bekommen[223].

In älterer Zeit müssen solche Traditionen auch von Mani und Zarathustra in Umlauf gewesen sein. Von Mani erzählt Mīrxond, er habe sich ein Jahr lang in einer mit Wasser und Nahrung versehenen Höhle aufgehalten, nachdem er vorher seinen Anhängern gesagt hätte, daß er sich in den Himmel begeben würde, um dort ein Jahr zu verbleiben, danach zurückzukehren, um ihnen von Gott Kunde zu bringen. So geschah es auch, d. h. Mani schloß sich in der Höhle ein, mit Malerei beschäftigt. Nach Jahresfrist trat er vor die Leute hin, die bemalte Tafel in der Hand, und sagte den über die Schönheit der Tafel staunenden Leuten: „Diese da habe ich vom Himmel mitgebracht, damit sie als mein Prophetenwunder diene!" Darauf nahmen die Leute seine Religion an[224].

Diese Höhle Manis wird in diesen Traditionen nach China verlegt, was aber wohl wahrscheinlich Turkestan bedeutet, d. h. Čīn = Turkestan[225]. Aber es gab andere Traditionen über Manis Höhle, die diese in Armenien lokalisierten. Es wird nämlich sowohl von Gregorius Illuminator als auch von König Tiridates erzählt, daß sie sich in der „Höhle Manis" eine Zeitlang aufhielten[226].

[223] *Sadighi* a.a.O., S. 120. Der Zug, daß die Leute sich zur Ernte versammeln, deutet auf die Erntezeit des Jahres, vgl. unten S. 67 Anm. 232.

[224] *Kessler*, Mani I, S. 380 = Mirxondi historia universalis I, ed. Bombay 1854/55, S. 223f. Für den Terminus „Prophetenwunder" vgl. *Widengren* a. a. O., S. 74, 78, 84, 91.

[225] Über Čīn = Turkestan vgl. z. B. *von le Coq*, Die manichaeischen Miniaturen, S. 12f.; *West*, PT I (SBE V), S. 37, 59, 130f. in den Anm. zu Bundahišn. Vgl. auch *Henning*, BSOAS 12/1947–48, S. 55f. Die Termini Čīn und Čīnastan haben in verschiedenen Fällen verschiedene Bedeutungen. Über den vagen Gebrauch von Čīn vgl. auch *Markwart* a. a. O., S. 152 Anm. 3.

[226] *Dulaurier*, Histoire universelle par Etienne Acoghig de Daron, S. 99.

Einige bedeutsame Volkstraditionen über Mithra und die Höhle findet man in Armenien in einem großen Volksepos. Meher, d. h. mitteliranisch Mihr, ist als „Riese" geboren. Am Van-See findet sich der zerklüftete Felsen. Durch einen schwarzen Raben geleitet, begibt sich Meher, auf seinem Pferde reitend, in den zerklüfteten Felsen hinein, der sich alsbald um ihn schließt. Jedes Jahr, in der wunderbaren Nacht der Himmelsfahrt, fällt vom Himmel Manna auf die Erde. Meher geht dann aus dem Berge heraus, sammelt etwas Manna und kehrt mit ihm in die Höhle zurück, die dann wieder geschlossen wird. In diesem Felsen eingeschlossen, verbringt Meher von dem Manna lebend, das ganze Jahr. Zwei Kerzen brennen an seiner Seite, und das Rad des Weltalls ist vor seinen Augen. Wenn das Rad aufhört sich zu drehen, geht Meher aus seinem Felsengrab hervor. Dann kommen das Weltende und der Beginn der Regierung des Meher, d. h. die Regierung der Gerechtigkeit für alle[227].

Die Einzelzüge für einen Vergleich mit den Mithrasmysterien zu verwerten, müssen wir uns für eine kommende, mehr ausführliche Darstellung der Mithrasmysterien vorbehalten. Hier ging es uns nur darum, darzutun, wie fest die Verknüpfung zwischen Mithra und der Höhle auf iranischem Kulturgebiet gewesen ist, und ferner, wie sich die einzelnen Züge der Erzählungen über die iranischen Häresiarchen, einschließlich Mani, durch den mythisch-rituellen Hintergrund der Mithra-Religion leicht erklären lassen. Auffallend ist es z. B., wie Mithra das ganze Jahr in der Höhle verbringt, während er von der himmlischen Nahrung zehrt. Kulthöhlen finden wir aber, wie *Cumont* hervorgehoben hat, auch in Hyrkanien, wo sich die Leute nach Eudoxus von Cnidus versammelten, um Feste abzuhalten und Opfer zu verrichten (Strabo XI 7,5)[228].

Diese Notiz ist schon deshalb von Wichtigkeit, weil sie zeigt, daß es im eigentlichen Iran solche natürlichen Grotten gab, die als kultische Versammlungsorte dienen konnten. Unendlich viel bedeutsamer aber ist der Hinweis *von der Ostens* auf eine von ihm in Anatolien untersuchte Kulthöhle in Keskin Sivrissi. Aus der von ihm gegebenen Beschreibung geht hervor, daß diese Höhle, welche auf einem die Umgebung vollkommen beherrschenden Berghügel gelegen ist, nur durch einen Eingang mit einer

[227] *Dirkan-Tchitouny*, Actes du XXI congrès international des orientalistes, Paris 1949, S. 371. Für den Terminus „Riese" vgl. oben S. 43ff. Die eschatologische Bedeutung Mehers in diesen Traditionen verbindet ihn mit *dem* Gotte Mihr, der hinter den Weissagungen der Orakel des Hystaspes steht, vgl. unten S. 67.

[228] *Cumont*, Textes et monuments, I S. 56; XXX: die Leute halten sich auch in diesen Höhlen auf.

1: Halle zu erreichen ist. Von dieser Halle leitet einerseits eine Öffnung zu einem kleinen *2: Zimmer* mit zwei Fensterlöchern, andererseits ein schmaler Gang zu einem *3: Höhlenzimmer* und von diesem wiederum ein langer, enger Tunnel zu der inneren *4: Kultkammer*, die Ausmaße 15,50 m lang, 11,80 m breit und 2,50 m hoch ist. Hier finden sich drei Pfeiler und ein noch nicht fertiggestellter vierter, zwei Wasserzisternen mit einer Wasserleitung, sowie zwei Nischen mit Altären samt verschiedenen kleinen Nischen für kleine Lampen. Der Eingang zu einem von dieser Kultkammer abgehenden Tunnel war mit Schutt gefüllt[229].

Wie wir sehen, bietet diese ganz innerhalb des iranischen Kulturgebietes, nämlich in Kappadokien, das laut Herodotes I 72 schon dem Mederreich gehörte, oder eventuell in Pontus-Galatien, die auch früh iranische Satrapien wurden, gelegene Kulthöhle alle jene Züge, die wir aus den Beschreibungen der Texte als die Geburtshöhle des iranischen Erlöserkönigs kennzeichnend kennengelernt haben. Hier haben wir ja tatsächlich die Lage oben auf einem hohen Berg, den engen Eingang, durch den man sich nur kriechend bewegen kann, endlich die Kulthöhle mit der Wasserleitung, durch die man dort stets mit frischem Wasser versorgt ist.

Eine derart eingerichtete Höhle stimmt aber grundsätzlich mit den Kulthöhlen der Mithrasmysterien überein. Dort finden wir im allgemeinen die folgende Einrichtung des Heiligtums: zuerst ein *1: porticus*, dann ein *3: pronaos* mit *2: apparatorium* im Hintergrund und schließlich die *4: crypta*, das eigentliche Heiligtum, das in Nachahmung des Himmelsgewölbes eine Wölbung darstellte. Die zahlreichen Waschungen erforderten eine Anlage mit einer natürlichen Quelle oder mit einer Wasserleitung[230]. Die Nischen mit ihren Lampen haben ebenfalls ihre verschiedenen Entsprechungen[231].

Man vergleiche auch die von *Dörner* gegebene Beschreibung einer Kulthöhle in Kommagene (Beigabe III).

Die hier angeführten Texte über die Rolle der Höhle muß man mit den folgenden, schon oft zitierten Textstellen zusammenhalten, die erst dadurch ihre rechte Erklärung bekommen. *Opus imperfectum in Matthaeum*, Hom. II 2,2 = *Migne*, PG LVI col. 637 erzählt, daß die persischen Magier *post messem trituratoriam* auf einen *Mons Victorialis* genannten Berg heraufstiegen, wo sich eine mit Bäumen und Quellen versehene

[229] Beschreibung von *von der Osten*, Explorations in Central Anatolia Season of 1926, S. 68ff., bes. S. 71ff., vgl. Beigabe III.

[230] Vgl. *Cumont* a. a. O., I S. 54ff.; Die Mysterien des Mithra, S. 157ff.

[231] Vgl. *Cumont* a. a. O., I S. 62, 66.

Höhle befand. Hier wuschen sie sich und beteten und priesen während dreier Tage Gott. Dies geschah jedes Jahr in jeder Generation. Sie warteten nämlich darauf, daß der Glücksstern erscheine und sich auf diesem *Mons Victorialis* niederlasse[232].

Der Stern aber war das Zeichen der Geburt des Weltkönigs und Weltheilands, der in den sogenannten „Orakeln des Hystaspes" *der große König* genannt wird. Dieser große König ist gewissermaßen eine Inkarnation Mithras[233]. Der mitteliranische apokalyptische Text *Bahman Yašt* bestätigt, daß während der Nacht, da der Herrscher, *kai*, geboren wird, ein Stern ein Zeichen aufweist[234]. Und der Befreier von der Tyrannie Aždahās, Farīdūn, steigt als Erlöser Irans nieder von Alburz[235].

Bei der Geburt Mithradates Eupators leuchtete ein Stern siebzig Tage mit so hellem Glanz, daß er die Sonne überstrahlte. Dasselbe Ereignis wiederholte sich bei der Thronbesteigung des Mithradates[236]. Es ist gewiß

[232] Zuletzt angeführt bei *Bidez & Cumont* a. a. O., II, S. 118ff. und bei *Ugo Monneret de Villard*, Le leggendi orientali sui magi evangelici, S. 22. Der Name *Mons Victorialis* kehrt in der syrischen Tradition als ܛܘܪ ܢܨܚܢ̈ܐ wieder, *Schatzhöhle*, ed. *Bezold* S. 72: 13, Übers. S. 17, vgl. Anm. 72; *Monneret de Villard* a. a. O., S. 23. In diesem Berg kann man Hara Barzaiti vermuten, vgl. auch das Mithrasepitheton *nabarzes* – *invictus*, d. i. **nabarza*. Zur Erklärung des Ausdruckes *post messem trituratoriam Reitzenstein*, Vorgeschichte, S. 379: „Post messem trituratoriam ist überhaupt nur verständlich als persische Festbezeichnung, nämlich für den Gāhanbār des dritten Jahresintervalls (Roth, Zeitschr. d. deutsch. morgenländ. Ges. 34, 703). Das vorausgehende Intervall ist nach der Heuernte benannt. Die Worte *orabant et laudabant deum* passen trefflich auf die Afrīngānzeremonie dabei. Die Zerlegung der fünftägigen Feste in zwei Hälften von zwei und drei Tagen zeigt auch die Angabe über das Mithrasfest ... Eine Kenntnis wirklichen persischen Kultbrauches muß also der phantastisch ausgeschmückten Angabe zugrunde liegen."

[233] Vgl. *Reitzenstein-Schaeder*, SAS, S. 40, 9; nach dem Töpferorakel stammt der König von Helios (= Mithras). Nach den Orakeln des Hystaspes ist der *rex magnus* deutlich eine Inkarnation des Mithras, Lactantius, *Institutiones* XV 17, 9; vgl. *Bidez & Cumont* a. a. O., II, S. 372.

[234] Bahm. Yt. III 15: *hān šap kai zāyēt nišān ō gēhān rasēt, stārak hač asmān vārēt, kaδ avē kai zāyēt stārak nišān nimāyēt*. Für diesen Text vgl. *Markwart*, Modi Memorial Volume, S. 559 Anm. 92.

[235] Šāhnāmah, Übers. *Mohl*, I, S. 59. Hier ist auch Zāl zu vergleichen, der auf Alburz erzogen wird. Offenbar spielte Alburz (< *Hara barzaiti*) eine solche Rolle im Leben des iranischen Erlöserkönigs, daß man berechtigt ist, Mons Victorialis und Alburz irgendwie zu identifizieren. Vgl. unten S. 80.

[236] Justinus XXXVII 2, 1–3: *Huius futuram magnitudinem etiam caelestia ostenta praedixerant. Nam et eo quo genitus est anno et eo quo regnare primum coepit stella cometes per utrumque tempus septuagenis diebus ita luxit, ut coelum omne conflagare videretur. Nam et magnitudine sui quartam partem coeli occupaverat et fulgore sui solis*

nicht unwichtig, daß dieser König einen Namen trägt, der ein Bekenntnis zum alten iranischen Dynastie-Gott Mithra darstellt[237].

Die Zarathustra-Legende in Dēnkart VII trägt viele Züge der iranischen Königslegende. U. a. erscheint hier die feuergestaltete *Xvarnah*, die sich auf der Mutter Zarathustras niederläßt[238]. Die schon erwähnten iranischen Traditionen in den Pseudo-Klementinen sprechen eindeutig von dem Stern, der sich als Blitzfeuer auf Zarathustra niederläßt. Die zarathustrafeindliche Verdrehung der Tradition braucht uns in diesem Zusammenhang nicht zu beschäftigen[239].

Die Geburt des Erlösers wurde nach verschiedenen Angaben in der christlichen Literatur schon von Zarathustra prophezeiht. Seinen drei Schülern verkündet er, daß „der große König" am Ende der Zeiten von einer Jungfrau geboren wird. Er stammt aus der Familie Zarathustras, und sein Zeichen ist der leuchtende Stern, der sich am Himmel zeigt und der an Glanz die Sonne übertrifft[240].

Wenn wir nun versuchen, die hier gebotenen Angaben kurz zusammen-

nitorem vicerat, et cum oreretur occumberetque, IIII horarum spatium consumebat. Zur Erklärung vgl. *Reinach*, Mithridate Eupator, S. 51 Anm. 2: der König wird über ein Viertel des Kosmos herrschen und 70 Jahre lang leben. Vgl. ferner *Widengren,* La légende royale, Dumézil-Festschrift.

237 Über Mithra als Dynastiegott vgl. *Widengren*, Hochgottglaube im alten Iran, UUÅ 1938: 6, S. 146ff.

238 Dēnkart ed. *Sanjana* VII 1, 56–58 beschreibt, wie während der drei letzten Nächte, als sich Zarathustra im Mutterleib befand, das Dorf Pourušāspas ganz in Flammen gesetzt wurde. Die Hirten Pourušāspas erschraken darüber und glaubten, das Dorf würde zerstört werden, fanden aber, daß dieses nicht der Fall sei und kehrten dann zurück mit dem Ausruf:

„Nicht wird zerstört das Dorf, das Pourušāspas ist;
es ist in der ganzen Höhle in Feuer aufgeflammt;
Geboren ihm, diesem Hause, ist ein strahlender Mann!"

Es fällt auf, daß hier wieder ein Terminus für Höhle verwendet wird, nämlich *sūrāk*, eig. „Loch", „schmaler Gang". Das avestische Original dürfte hier metrisch gewesen sein, wie noch die Pahlavifassung andeutet. Zātspram K 35 Fol. 246 r 1ff. = *Bailey*, Zoroastrian Problems, S. 32 schildert, wie ein Licht, *patrōk*, von dem *xvarnah* der fünfzehnjährigen Mutter Zarathustras auf den von ihr gewandelten Weg fällt. Ihr *xvarnah* hat sich beim Eintritt in sie wie ein Feuer gezeigt, *pat ātaxš aδvēnak paitāk būt.*

239 Auch in diesen Traditionen findet sich also dieselbe Verbindung zwischen *xvarnah* und Feuer, die mit der Feuernatur des Herrschers (*Widengren*, Hochgottglaube, S. 238, 361f., 369) übereinstimmen. Das Blitzfeuer in den Ps. Klementinen wird ganz richtig τὸ τῆς βασιλείας πῦρ genannt, und der im Text erwähnte Magier Zarathustra heißt γίγας = *kavi* (*kai, kav*), ist also als König gedacht.

240 Vgl. *Bidez & Cumont* a. a. O., II, die Texte S. 126ff.

zufassen, können wir wohl folgendes sagen: Der Weltkönig und Weltheiland steigt in Feuergestalt als ein leuchtender Stern auf einen Berg nieder und wird dort in einer Höhle geboren. Die Magier warten jedes Jahr während dreier Tage auf seine Geburt und spähen am Himmel, um sein Zeichen, den hell-leuchtenden Stern, zu sehen. Wenn er geboren ist, tritt er in Königstracht aus der Höhle heraus und wird als der neugeborene Erlöser von seinen begeisterten Anhängern begrüßt. Wer also mit dem Anspruch, der Weltheiland und Weltherrscher zu sein, hervortritt, der muß eben aus dieser Höhle und auf solche Weise hervorkommen und einen Beweis seines himmlischen Daseins zur Schau tragen. Die Höhle ist die Mithrasgrotte in den Mysterien[241]. Der König, von einer irdischen Mutter geboren, aber doch durch den Stern und das Blitzfeuer auf die Erde gebracht, ist der reinkarnierte Mithra.

In der Geburtslegende der Evangelien erkennen wir die entscheidenden Züge der parthischen Königslegende wieder. Der Stern wird von drei Weisen gesehen, die die christliche Kunst als Perser, und zwar in parthischer Tracht, abbildet[242]. Die Geburtsstätte ist schon von Justinus Martyr als eine Höhle charakterisiert. Es ist möglich, daß schon die Evangelien auf eine Höhle hindeuten[243]. Der Vollständigkeit halber er-

[241] Diese Höhle soll in den Mithrasmysterien mit Wasser versehen gewesen sein, und wir kennen auch eine Taufe in diesem Kultus (vgl. *Cumont*, Die Mysterien des Mithra, 3. Aufl., S. 144; *Reitzenstein*, Die Vorgeschichte der christlichen Taufe, S. 31ff.). In dem von *Reitzenstein*, Das iranische Erlösungsmysterium, S. 101f. angeführten christlichen Text wird gesagt, daß sich die Magier an *bēṯ mashūṯā lᵉmalkē qaḏmāiē, lavacrum regibus prioribus*, aufhielten, und in *Opus imperfectum*, daß die Magier, die die Geburt des Erlösers abwarteten, sich in der am *Mons Victorialis* fließenden Quelle wuschen. Dieselbe Kombination zwischen Mithrashöhle und *Mons Victorialis* finde ich schon bei *Cumont*, Textes et monuments I, S. 55 Anm. 2. Über die Geburtshöhle des iranischen Erlösers bietet *S. Hartman* in seiner Arbeit Gayōmart viel neues und wertvolles Material, das dem hier Gebotenen zur Ergänzung dient.

[242] Vgl. u. a. *Cumont*, Memorie (siehe S. 70 Anm. 246) Pl. IX 2–3 = hier Fig. 33. Man beachte den typisch parthischen Besatz an der Vordermitte der Hosen; vgl. für diese, was *Seyrig*, Syria 18/1937, S. 8f. sagt; vgl. auch *Widengren*, Some Remarks on Riding Costume, S. 242f. Eine spätere Gestaltung desselben Motivs findet man z.B. in Chiesa di S. Apollinare Nuovo in Ravenna (leider stark restauriert), hier Fig. 34 (nach einer Ansichtskarte).

[243] Was man sich Luk. 2, 7 eigentlich unter φάτνη vorzustellen hat, ist nicht deutlich. Wenn ein Futterplatz unter offenem Himmel gemeint wäre, könnte das Wort von Anfang an *sūrāk* entsprechen. Alle solche Vergleiche bleiben jedoch unsicher, weil wir das ursprüngliche aramäische Wort nicht kennen. Denn ob das syrische ܐܘܪܝܐ hier verwendet wurde, wissen wir ja nicht. Schon seit Justinus (Dialog. 78) ist die Geburtsstätte eine Höhle oder Grotte (vgl. die Kommentare z. St.).

wähnen wir, daß hier von uns nicht behandelte Züge der Geburtslegende wie die Acclamatio der Hirten und die bösen Anschläge gegen das Leben des neugeborenen Erlösers ebenfalls in der christlichen Geburtslegende wiederkehren[244]. Auch in den Geburtslegenden bei den Mandäern über Johannes den Täufer treffen wir den Sternmeteor sowie das brennende Feuer über der Wohnung an[245].

Zusammenfassend können wir also feststellen, daß eine in parthischer Zeit unter den Iraniern weit verbreitete Geburtslegende von dem iranischen Weltheiland, „dem großen König", von den Christen auf *ihren* Heiland deutend übertragen ist. Dieses wäre aber wohl kaum geschehen, wenn nicht früher bereits diese Legende unter den Juden Eingang gefunden hätte, wie es in der Tat die mandäischen Legenden über Johannes den Täufer glaubhaft machen. Jedenfalls ist dieser Fall einer der markantesten Belege für den parthischen Einfluß auf die Semiten auf religiösem Gebiet.

Es erscheint uns als durchaus glaubhaft, daß diese iranische Geburtslegende auch in der parthischen Kunst gestaltet war[246]. Wir müssen be-

[244] Die Anschläge gegen das Leben Zarathustras sind in Dēnkart VII sehr breit ausgesponnen.

[245] *Lidzbarski*, Das Johannesbuch I, S. 67, 4ff., II, S. 76; metrische Gliederung bei *Schou-Pedersen*, Bidrag til en Analyse, Kopenhagen 1940, S. 18f. Derselbe Verfasser hebt S. 27 die Unabhängigkeit dieser johannesischen Geburtslegende von den Evangelien hervor, gibt aber keinen religionsgeschichtlichen Hintergrund.

[246] Eigentlich hat *Cumont* selbst einer solchen Lösung des Problems vorgearbeitet und schon beinahe alles ikonographische Material geboten. Die von ihm befürwortete Lösung, die christlichen Künstler hätten, um die Huldigung der drei Magier darzustellen ältere, von Anfang an persische Darstellungen der Tributdarbringung aufgegriffen, bedeutet allerdings einen unnötigen Umweg und setzt voraus, daß die Parther zwar die der christlichen Huldigungsszene entsprechenden Vorstellungen besaßen, daß sie aber diese ihre Glaubensvorstellungen nicht künstlerisch gestaltet hätten. Von einer direkteren und positiven Lösung des Problems der parthischen ikonographischen Einflüsse wurde *Cumont* wohl dadurch zurückgehalten, daß er nur die eine Hälfte des entscheidenden iranischen Materials in Händen hatte und keine Ahnung von den die Verhältnisse wirklich aufklärenden Texten besaß. Besonders fällt auf, daß er das Etschmiadzin-Evangeliar nicht benutzt hat. Zur ganzen Frage verweisen wir auf die Monographie *Cumonts*, L'adoration des mages et l'art triomphal de Rome, Memorie della pont. accad. romana di archeologia, Ser. III, Vol. III/1932–33. Für den fremden Ursprung des ikonographischen Motives spricht u. a. der von *Cumont* selbst hervorgehobene Umstand, daß die Darstellung auf den Gemälden und Skulpturen nicht mit den Worten des Evangelientextes übereinstimmt, also weniger „christianisiert" ist als dieser. Die Kronen im Etschmiadzin-Evangeliar, hier Fig. 35. die von *Cumont* ganz übersehen waren, zeugen schließlich von einer unabhängigen ikonographischen Tradition, die mit der Chronik von Zuqnin übereinstimmt (vgl. unten S. 73, 77).

denken, daß der parthische Fürst Tiridates von Armenien Nero als Mithra gehuldigt hat[247]. Der Herrscher, der um diese Zeit natürlich immer als Erlöserkönig gedacht ist, war also gewissermaßen als eine Inkarnation Mithras anzusehen, ein Gedanke, dem wir schon in der parthischen apokalyptischen Spekulation begegneten[248]. Schon *Gressmann*, der mit kühner Intuition auf die Mithrasmysterien und ihre Bedeutung für das Verständnis des Spätjudentums und des Urchristentums hingewiesen hat, meinte, Mithras nicht nur als Erlösergott im allgemeinen, sondern als Urmensch auch im besonderen verstehen zu dürfen, und belegte diese kühne Vermutung hauptsächlich durch Hinweise auf das manichäische Material und Claudians Gedicht über Stilichos Konsulat[249]. Nunmehr hat aber *Hartman* ein reiches iranisches Material gesammelt, das seiner Meinung nach klar zeigt, daß Mithra als Urmensch in der Höhle geboren wird[250]. Wie diese seine Resultate mit dem hier Ausgeführten übereinstimmen, braucht nicht näher dargelegt zu werden.

In der *Chronik von Zuqnīn*, auf die (nach Usener) *Monneret de Villard* die Aufmerksamkeit richtete, kann man ohne weiteres eine iranische Traditionsschicht ausscheiden, wie dieser Forscher ebenfalls gesehen hat[251].

Rein traditionsgeschichtlich gesehen fällt sogleich ein Umstand in die Augen: Eine iranische Überlieferung über die Geburt des iranischen Weltkönigs und Weltheilands ist mit der christlichen Erzählung über die bethlehemitische Geburt des jüdisch-christlichen Messias verknüpft. Die uns vorliegende Schrift birgt nämlich einen deutlichen Widerspruch in sich. Die Magier versammelten sich alljährlich in einem östlichen Lande *ŠYR* (hierüber später Näheres), um außerhalb der Schatzhöhle auf dem *Mons Victorialis* die Geburt des Erlöserkönigs abzuwarten. Diese wunder-

[247] Dio Cassius LXIII 5; Suetonius, Nero 23. *Cumont*, Rivista di Filologia, N. S. 11 (= 61)/1933, S. 145ff. hat mit dieser Szene sehr instruktiv die Darstellungen auf den mithrazistischen Reliefs verglichen.

[248] Vgl. oben S. 67f.

[249] *Gressmann*, ZKG XLI/1922, S. 154ff., bes. 170ff., wo er S. 177 sagt: „Aber älter ist Mithras als Urmensch und Endmensch."

[250] Die Untersuchung *Hartmans* befaßt sich eingehend mit den Pahlavischreibungen der Namen Mashyak und Mashyanak und versucht aufzuzeigen, daß sie in gewissen Fällen als Mishe und Mishyanak zu lesen sind. Wie man sich auch zu dieser These stellen mag, soviel ist jedenfalls sicher, daß durch das von *Hartman* vorgelegte Material neues Licht auf die Bedeutung der Höhle in der Mithra-Religion fällt, dadurch aber auch auf die kultische Funktion der Grotte in den Mithrasmysterien. Vgl. *Hartman*, Gayōmart, S. 59ff.

[251] *Monneret de Villard*, Le Leggende Orientali, S. 63f. und passim.

bare Geburt wird durch die Erscheinung eines großen Lichtes, das wie ein Stern die ganze Schöpfung erleuchtet, angekündigt. Daß die authentischen iranischen Traditionen die Geburt auf den *Mons Victorialis* selbst verlegen, wird aus den angeführten Berichten klar, die es dank des deutlichen mythisch-rituellen Hintergrundes, wie wir sahen, ersichtlich machen, daß der neugeborene Weltkönig eine Inkarnation des Erlösergottes Mithra ist, der in seiner kultischen Höhle sein körperliches Hervortreten bewerkstelligt. In dieser Hinsicht waren die Erzählungen von dem König von Kābūl und von den iranischen Häresiarchen einschließlich Manis deshalb so wertvoll, weil sie dieses Sachverhältnis eindeutig klarlegten. In diesen Berichten waren auch die Leute in der Nähe der Höhle vorhanden, um sogleich den neugeborenen Erlöserkönig nach seinem Heraustreten aus der Felsenhöhle zu begrüßen. Diese Leute spielen in einem so zu sagen historisierten Kultdrama die Rolle der huldigenden Magier.

In der *Chronik von Zuqnīn* ist ebenso wie in allen christianisierten Erzählungen, die die Traditionen von *Mons Victorialis* aufgenommen haben, der logische innere Zusammenhang der Erzählung zerstört.

Zwar offenbart sich das wunderbare Licht in Gestalt einer Lichtsäule, auf deren Spitze sich ein Stern befindet, und dieser Stern tritt auch in die Höhle ein. Dorthin treten auch die Magier, finden die Schatzhöhle über alle Maßen von Licht erfüllt und bekommen ein wunderbares Ding zu sehen: Das Licht hat sich konzentriert und wird „in den Gliedern eines kleinen, niedrigen Menschen gesehen“ (*CSCO* III 1:1 S. 67, 11–13). Selbstverständlich haben wir hier vor uns die eigentliche Geburtserzählung, genauer: die Spuren einer solchen; denn hier sollte wohl auch erzählt werden, wie der Erlösergott in der gleichen Weise wie der Gott, den er inkarniert, aus dem Felsen geboren wird und wie dann seine göttliche Blitznatur in der Quelle abgekühlt werden muß, so wie man es von Mithra und dem ossetischen Heros Batradz berichtet[252].

Aber jetzt folgt die Kompositionsfuge. Die Magier bekommen nämlich den Befehl, sich auf den ihnen vom Stern angewiesenen Weg zu begeben, und sie gelangen mit dem Stern als „Wegweiser und Boten“ nach Bethlehem, wo sich ja beinahe dieselbe Geschichte wiederholt. Wiederum ist da eine Höhle, die der Schatzhöhle ganz ähnelt; wiederum sind da die

[252] Wir müssen für die näheren Darlegungen auf unsere kommende Arbeit über das iranische Königtum, und zwar auf das Kapitel über die Königslegende, verweisen. Für die ossetische Erzählung von der Geburt des göttlichen Helden Batradz vgl. *Dumézil*, Légendes sur les Nartes, S. 51ff.

Lichtsäule und der Stern, der in die Höhle eintritt. Nun wird aber ausdrücklich von einer Geburt gesprochen. Im übrigen ist alles nur eine matte Wiederholung der ersten Erzählung, die sich schon dadurch als die originale erweist, daß sie sämtliche konkrete Einzelheiten mitteilt, während der Verlauf das zweite Mal nur mit wenigen Worten geschildert wird. Wichtig ist aber, daß die Magier dem neugeborenen Herrscher als Gabe eben – Kronen bringen.

Als Gegenprobe zu dieser Auffassung wollen wir eine Analyse der in der *Chronik von Zuqnin* sich findenden iranischen Elemente folgen lassen. Einleitend möchten wir darauf hinweisen, daß schon *Monneret de Villard* ganz richtig den iranischen allgemeinen Hintergrund gefühlt, aber die nähere Analyse den Iranisten überlassen hat.

Im allgemeinen ist dieser Text, wie auch von *Monneret de Villard* hervorgehoben, durch die beherrschende Stellung gekennzeichnet, die die Lichtspekulation einnimmt. Ebenso charakteristisch ist der Gegensatz Licht – Finsternis.

So lautet die Mahnung: „Entfliehet aus der Finsternis und kommet zu dem Licht, das nicht vergeht!“ (*CSCO* III 1: 1 S. 19–20). Ferner heißt es: „Das Licht befand sich vor den Aeonen; diese aber lebten in Finsternis in dem Aeon während ihrer Tage“, (*CSCO* III 1: 1 S. 74, 14–16). Es wird oft von „dem Sohn des Lichtes“ gesprochen (z. B. *CSCO* III 1: 1 S. 77, 11; 81, 12). Zugleich wird von diesem Sohne selbst gesagt: „Ich werde nicht von ihnen geschieden sein bis in Ewigkeit, auch nicht von dem Vater; denn ich bin der Strahl seines Lichtes,“ (*CSCO* III 1: 1 S. 78, 17–19). Dieser Sohn ist „das erste Licht“ (*CSCO* III 1: 1 S. 75, 19). Auffallend ist auch, wie oft von der Überlegenheit des Sohnes des Lichtes gegenüber der Sonne gesprochen wird, z. B. *CSCO* III 1: 1 S. 82, 21–28: „Ich bin an jedem Platz, und es gibt kein Land, wo ich nicht bin. Ich bin auch, wo Ihr mich verlassen habt; denn ich bin mehr als die Sonne, und doch gibt es keinen Platz in der Welt, der von ihr geschieden ist, da sie eins sind. Und wenn sie von der Welt geschieden wäre, dann würden alle ihre Bewohner in der Finsternis sitzen. Wieviel mehr bin ich, der ich der Herr der Sonne bin, und mein Licht und mein Wort sind größer ... (fehlen zwei Worte) als die Sonne.“ Der Sohn des Lichtes steht aber in diesem Aeon nicht allein, sondern hat hier seine Anhänger, die „das Geschlecht des Lichtes“ genannt werden (*CSCO* III 1: 1 S. 79: 11–12).

Beinahe ebenso oft wie von dem Licht wird von dem Leben gesprochen. Ungemein häufig ist der gnostische Ausdruck „Schatz des Lebens“, und zwar werden dafür die beiden aus der mandäischen Literatur bekannten Wendungen *sīmaṯ ḥai̯i̯ē* und *gazzā ḏeḥai̯i̯ē* verwendet (für die erste vgl. S. 75: 14; 81: 2, 17; für die zweite S. 75: 17). Eigentümlich ist der Ausdruck „der Säemann des Wortes des Lebens" (*CSCO* III 1: 1 S. 26–27). Man bekommt seinen Lohn verdoppelt im „Reiche" bei Gott „vor seinem Thron des Lebens" (*CSCO* III 1: 1 S. 75, 17–18). Hier ist auch der Terminus „Weinstock des Lebens" (S. 71: 29) mit seinen mandäischen Entsprechungen zu nennen[253].

Werden wir hier schon durch die erwähnten Wendungen an die gnostische Sprache des Johannesevangeliums erinnert, so führen uns andere Termini noch tiefer in die gnostische Sphäre hinein.

Hier kommen vor allem solche Ausdrücke in Betracht, die man in der typisch gnostischen, zumal manichäisch-mandäischen Literatur wiederfindet. So wird Adam „das große Haupt unseres Geschlechtes" genannt (*CSCO* III 1: 1 S. 62: 3; man vergleiche den mandäischen Ausdruck „Adam, das Haupt des Zeitalters". *Ginzā*, Übers. *Lidzbarski*, S. 400: 15 usw.). Nachdem die Magier von ihrer Huldigung des neugeborenen Erlösers zurückgekehrt sind, erzählen sie alles, was sie erlebt haben, und schließen mit der Mahnung: „Esset von diesen Wegzehrungen, die mit uns gekommen sind, und seid würdig und werdet gemischt ihr auch mit der Segensgabe, die uns begleitet hat und mit uns bis in Ewigkeit bleibt" (*CSCO* III 1: 1 S. 85: 15–17)[254]. Es bedarf wohl keines Beweises, daß wir es hier mit dem bekannten gnostischen Symbol der Wegzehrung zu tun haben. In der syrischen Kirche wird damit später das Abendmahl bezeichnet, und diese Bedeutung ist natürlich hier vorgebildet.

Wirklich auffallend ist die durchgehende Bezeichnung Gottes als „der Vater der Größe" (oder „der Vater der höchsten Größe"), ein Ausdruck, der als Bezeichnung Manis für seine höchste Gottheit berühmt geworden ist (vgl. *Pognon*, Inscriptions mandaites, S. 127: 6). Der Eindruck, daß gewisse Verbindungen zwischen der Grundschrift unseres Textes und eben der mandäisch-manichäischen Form der Gnosis bestehen, verstärkt sich durch eine andere Beobachtung. Es heißt nämlich, daß der Geist, der

[253] Das Wort „Leben" kommt noch in einer Menge von aus der gnostischen Kunstsprache wohlbekannten Wendungen vor, die wir hier nicht aufzählen können. Gott ist „der Herr des Lebens", der „im großen Glanz seines Wesens verborgen" ist; *CSCO* III 1: 1, S. 57: 7f.

[254] In diesem Fall verstehe ich die Übersetzung *Levi Della Vidas* nicht, „e rimarrà con voi in eterno", *Monneret de Villard* a. a. O., S. 45; denn die Edition zeigt doch deutlich: ܘܥܡܟܘܢ ܗܘ ܠܥܠܡ. Liegt ein Druckfehler vor?

Paraklet, dem zum Himmel aufgestiegenen Erlöser die Krone, den Kranz und den glänzenden Siegespreis überreicht (*CSCO* III 1:1 S. 70:7–8). Damit stimmt nämlich vollkommen überein, daß im Manichäismus eine ihr bei ihrem Aufstieg entgegenkommende Lichtgestalt der Seele den Siegespreis, die Krone und den Kranz, überreicht; daneben werden allerdings auch Lichtkleid und Diadem erwähnt[255]. Es ist möglich, daß die Übereinstimmung noch weiter geht, insofern als im Kontext von den Engelklassen, Seraphen und „Engeln", *malaḵē*, daneben aber auch als der dritten Kategorie von den „Wolken" gesprochen wird, die den Erlöser auf den Flächen ihrer Hände tragen.

Die drei-Zeiten-Formel, die die Vergangenheit, Gegenwart und Zukunft betrifft, findet sich *CSCO* III 1:1, S. 57:19f.: „Alles, was ist, und alles, was war und bestand, und alles, was sein wird." Diese Formel ist indoiranischen Ursprungs. Auch diese Formel begegnet uns in der gnostischen Kunstsprache[256].

Eine in der gnostisch-magischen Formelsprache viel verwendete Formel begegnet uns, wenn es heißt, daß durch die Stimme und das Wort des Lebens die oberen und unteren Aeonen des Vaters der Größe entstanden und geordnet wurden, und die Engel und die Mächte und die Machthaber und die Archonten, ... „und die Höhe und die Tiefe und die Länge und die Breite" (*CSCO* III 1:1 S. 71:1–5). Die gleiche Formel ist im Griechischen in etwas abweichender Ordnung bekannt sowohl in der Gebetsliteratur und den Zauberpapyri, als auch in Ephes. 3:17–19[257]. *Dibelius* hat richtig hervorgehoben, daß diese Formeln die Dimensionen des Himmels andeuten wollen: „Die Himmelsstadt und der Himmel werden quadratisch oder kubisch vorgestellt"[258]. Nun glaube ich, daß der Ur-

[255] Vgl. *Schmidt-Polotsky*, Ein Mani-Fund, S. 71 [72],

[256] Vgl. *Widengren*, ZRGG IV/1952, S. 103, und s. Offenbarung des Johannes 1, 4; 4, 8 u. a. m.

[257] Vgl. *Reitzenstein*, Poimandres, S. 25 Anm. 1.

[258] *Dibelius*, An die Kolosser, Epheser, an Philemon, S. 58. Durch *Prof. H. Schlier* bin ich auf seinen Artikel βάθος in *Kittel*, Wb., S. 515f. aufmerksam gemacht worden. Von den dort angeführten Stellen sind besonders zu erwähnen Irenaeus, Epideixis I 34 „alle Welt, ihre Breite und Länge, ihre Höhe und Tiefe" usw. und Pistis Sophia, Kap. 91 „Erbteile des Lichtes zu durchwandeln ... von außen nach innen und von innen nach außen und von oben nach unten ... und von der Höhe nach der Tiefe ... und von der Länge nach der Breite und von der Breite nach der Länge" (*Schmidt*, Koptisch-gnostische Schriften, S. 133: 34ff.). Auch *Schlier* sagt: „Das himmlische Erbe ist als Kubus gedacht wie das himmlische Jerusalem Apk. 21, 16".

sprung dieser Formel im Iran zu suchen ist. Wir finden hier nicht nur rein phonetisch eine Fassung, die sich durch Gleichklang als ursprünglich erweist, nämlich *drahnāδ, bālāδ, pahnāδ, zahyāδ*, sondern vor allem trifft man die Formel in ihrem richtigen Sitz im Leben an. In *Bundahišn* Kap. 1 wird nämlich gesagt: „Die Breite des Himmelsgewölbes ist seiner Länge gleich, seine Länge ist seiner Höhe gleich, seine Höhe ist seiner Tiefe gleich" (*parkān i āsmān čandaš pahnāδ i-š drahnāδ, čandaš drahnāδ i-š bālāδ, čandaš bālāδ i-š zahyāδ*: *Hilfsbuch* I, S. 81: 9–12; II, S. 42 s.v. *čandīh*; vgl. I, S. 82: 12–14)[259]. Hier sind also die Dimensionen des Himmels kubisch gedacht, so wie *Dibelius* ohne Kenntnis der Bundahišn-Stellen mit Hinweis auf *Corp. Herm.* 10: 25 es angenommen hatte. In der iranischen Grundschrift der *Chronik von Zuqnīn* war also an dieser Stelle ein Hinweis auf die Dimensionen des Himmelsgewölbes zu finden.

Die Vierzahl in diesem Falle erinnert uns an eine andere Formel, die auch wohlbekannt ist. *CSCO* III 1: 1 S. 78: 29 wird von Gottes Wille und Kraft und Weisheit gesprochen. S. 79: 28f. ist die Stufe: Kraft, Weisheit und Wille. Mit Gott selbst zusammen bilden diese Aspekte seines göttlichen Wesens die ganze Fülle seiner Majestät. Selbst ist er der Vierte in dieser Gruppe, genau so wie im Zervanismus der Hochgott Zervan der viergestaltige Urgott ist. Die Formel, in welcher die Vierfältigkeit seines Wesens zum Ausdruck kommt, haben besonders *Junker*, *Schaeder* und *Nyberg* untersucht, und *Schaeder* hat gezeigt, wie dieselbe Formel von Mani aufgenommen wurde[260]. Kein Zweifel also, daß hier ein besonders markanter iranischer Einschlag vorliegt!

Es gibt aber auch ein kleines Detail, welche die sozusagen iranische Lokalfarbe der Chronik ziemlich hell beleuchtet. Der König Herodes, der in der Erzählung die gleiche Rolle wie in der christlichen Geburtslegende spielt, bekommt zwei auffallende Epitheta. Es heißt nämlich von ihm: „Er ist ganz und gar taub und blind" (*CSCO* III 1, 1 S. 74: 22f.[261]. Die syrischen Worte *ḥaršā* und *samịā* entsprechen (in umgekehrter Reihenfolge) dem wohlbekannten mitteliranischen Ausdruck *kōr ut karr*, der überall im zoroastrischen Schrifttum vorkommt und ebenfalls in der manichäi-

[259] Anstatt *čand-aš* kann man mit der Handschrift TD_2 *čandīh* lesen, wie *Nyberg* es tut. In der Lesung und Übersetzung bin ich hauptsächlich *Zaehner* gefolgt, vgl. Zurvān, S. 283 § 43, 318.

[260] Vgl. *Schaeder*, Urform und Fortbildungen des manichäischen Systems, S. 138ff.; *Nyberg*, JA 1931, S. 47ff.

[261] Ein anderes Mal ist er „nicht-sehend und blind" (*CSCO* III 1: 1, S. 74: 13).

schen Literatur anzutreffen ist (*BBB*, S. 23: 198f.)[262]. In den zoroastrischen Schriften werden damit die Ketzer bezeichnet, weil sie so blind sind, daß sie die Wahrheit nicht sehen können, und so taub, daß sie das wahre Wort nicht zu hören vermögen.

Auf das leise Gebet der auf dem *Mons Victorialis* den Stern erwartenden Magier als ein typisch ,,magisches" Phänomen haben schon *Cumont* und nach ihm *Monneret de Villard* die Aufmerksamkeit gelenkt[263]. Dieser Zug fügt sich ungesucht in das Gesamtbild ein, das wir nunmehr gewonnen haben. Mit dem iranischen Grundcharakter der Erzählung stimmt noch ein anderer Zug überein. Als die Magier bei der Huldigung in Bethlehem ihre Gaben vor die Füße des neugeborenen Erlösers niederlegen, sind diese *nicht* die aus der Evangelienerzählung bekannten ,,Gold und Weihrauch und Myrrhen" (Matth. 2, 11), sondern Kronen: ,,Und wir nahmen unsere Kronen und legten sie unter seine Füße" (*CSCO* III 1: 1, S. 75: 10f.). Dieser Zug ist wichtig, weil er zeigt, daß die in der *Chronik von Zuqnīn* erhaltenen Traditionen iranischen Ursprungs von der Evangelienerzählung in vielen wichtigen Einzelheiten vollkommen unabhängig sind; ebenso sehen wir, daß die ikonographische Darstellung der Huldigungsszene rein iranische Züge trägt und einen selbständigen, von der christlichen Geburtslegende nicht abhängigen Charakter besitzt, wie *Cumont* sehr schön aufgezeigt hat, obgleich er eben die entscheidende Darstellung der die Kronen tragenden Magier im Etschmiadziñ-Evangeliar übersehen hat[264]. Ein ursprüngliches iranisches Huldigungsmotiv ist also sowohl in der Literatur wie in der Kunst ausgestaltet worden.

Von kleineren Zügen, die ebenfalls auf einen iranischen Ursprung hinweisen, möchten wir hier erwähnen, daß der Erlöser immer als ein kleiner Knabe gedacht ist: Er ist *i̯allūḏā šeḇīḥā* (*CSCO* III 1: 1 S. 75: 19) oder *ṭali̯ā i̯aldā ḏenuhrā* (S. 77: 11), um nur ein paar Stellen zu nennen.

[262] Vielleicht findet sich ein Nachklang dieser Formel in *Ginzā*, Übers. *Lidzbarski*, S. 415: 4f., in der iranisch gefärbten Apokalypse. Die Reihenfolge *karr ut kōr* findet sich ausnahmsweise in der zoroastr. Literatur.

[263] Vgl. *Cumont* in *Bidez & Cumont* a. a. O., S. 285 Anm. 3 und *Monneret de Villard* a. a. O., S. 53f. Über das Beten der Magier siehe vor allem *Wikander*, Feuerpriester, S. 29ff.

[264] *Cumont*, L'adoration des mages, S. 81–105, bes. S. 100f. *Cumont* beobachtet, daß erstens die Magier nicht zuerst den Fußfall tun und dann ihre Gaben überreichen, sondern sogleich letzteres tun, und zweitens, daß *manchmal* das Gold in Gestalt einer Krone überreicht wird. Vgl. das oben S. 70 Anm. 246 über das Etschmiadzin-Evangeliar Gesagte und für die Darstellung der die Kronen tragenden Magier hier Fig. 35.

Dieselbe Auffassung vom Erlöser als dem *jungen* Knaben kehrt oft in den iranischen Manichaica wieder, findet sich aber auch in den koptischen Psalmen, in der mandäischen Literatur und im *Lied von der Perle*. Der parthische Terminus *kumār*, „der Knabe", ist ein Sanskritlehnwort[265]. In diesem Falle ist eine Zusammenschmelzung der iranischen Vorstellung mit der mesopotamischen Auffassung von dem kleinen Tammūz wahrscheinlich[266].

Es sollte hier auch nicht unerwähnt bleiben, daß die Inkarnation des göttlichen Erlöserkönigs Mithra laut der armenischen Überlieferung mittels seiner Geburt durch eine irdische Mutter geschah, eine Notiz die bisher in erstaunlichem Maße vernachlässigt war[267].

Zuletzt erwähne ich den Ausdruck *Ōrišlem aṯrā*, der zwar nicht singulär ist, aber auffallend an ein entsprechendes *Ērān šahr* oder *Samarkand šahristān* erinnert (vgl. *CSCO* III 1: 1 S. 73: 11)[268].

Am wichtigsten scheinen uns jedoch die ganz physisch gedachten Lichterscheinungen des Erlösers zu sein, nämlich der Stern und die Lichtsäule. *Wie* naturhaft tatsächlich diese Erscheinungsformen des Erlöserkönigs gedacht sind, dürfte zur Genüge aus der bisherigen Darstellung ersichtlich sein. Hier kommt natürlich nur die iranische Religion mit ihrer Lichtspekulation in Frage. Den ausführlichen Kommentar, den diese Anschauungen erheischen, können wir in diesem Zusammenhang nicht geben, denn das würde den Rahmen unserer Darlegungen völlig sprengen. Wir müssen uns darum damit begnügen, auf die früher in dieser Arbeit mitgeteilten Traditionen über die Geburt Mithradates Eupators kurz zu verweisen, ebenso wie auf die über Zoroaster-Nimrod kursierenden Legenden[269]. Darüber hinaus ist nur daran zu erinnern, daß die Licht-

[265] Vgl. MirM III, S. 33 [878] Anm. 4, wo *Henning* einige Verweise zu dieser Gestalt des jugendlichen Knaben gibt.

[266] Vgl. vorläufig *Widengren*, Religionens värld, 2. Auflage, S. 364 Anm. 5, wozu *Lidzbarski*, Ginzā, S. 234f. zu vergleichen ist.

[267] Vgl. Elišē Vardapet, ed. Venedig 1861, S. 48f.: *Zor ew ǰer omn k'aǰ yimastnoc̣n asac̣, et'ē Mihrn astuac mayracin ēr i mardkanē, ew t'agawor astuacazawak ē, ew hamharz k'aǰ ewt'nerordac̣ astuacoc̣*; „Und Irgendeiner eurer trefflichen Weisen hat gesagt, daß der Gott Mihr von einer Mutter unter den Menschen geboren wurde und König und Gottessohn ist und ein mutiger Trabant der Siebenten-Götter."

[268] „Das Land Jerusalem" wird Johannesbuch I, S. 163:3 mit *atrā ḏŪrašlam* ausgedrückt; vgl. dagegen die Chronik von Zuqnīn: *Ōrišlem aṯrā*. In dem Martyrium des Mār Pethion finde ich *Ganzak mᵉḏittā* und in *Drower*, The Canonical Prayerbook Text, No. 170b *Ūrašlam mdīntā*.

[269] Vgl. oben S. 42f., 67f..

säule bekanntlich im Manichäismus eine bedeutende Rolle als *esṭōn šub̲ḥā* spielt[270].

Fragen wir nun, wo die hier behandelte Geburtslegende zu lokalisieren ist, so scheint uns schon *Monneret de Villard* mit seiner Lokalisierung zu Sabālān das annähernd Richtige getroffen zu haben[271]. Wenn der Text selbst besagt, daß die Magier sich im Lande *ŠYR* befanden (vgl. *CSCO* III 1:1 S. 58:3; 59:9), so ist es verlockend, hier eine alte Korruptel für *ŠYZ* zu sehen; denn jedenfalls in Šerṭō ist eine solche Verschreibung leicht zu erklären (vgl. ܪ ~ ܙ). Wie dem auch sei, sicherlich haben wir den *Mons Victorialis* mit der Geburtshöhle in der Nähe des Urmia-See's zu suchen. In Šīz sucht auch *Ringbom* mit vielen beachtlichen Gründen den *Mons Victorialis*[272]. Wenn auch nicht alle seine Argumente, iranistisch gesehen, stichhaltig sind – und er selbst ist sich dessen bewußt – so bleiben doch von ihnen genügend übrig, um unsere etwas verschiedenen Gründe zu ergänzen und zu stützen. Vor allem scheint es uns wichtig zu sein, daß schon die äußere Anlage von Šīz allen Beschreibungen des *Mons Victorialis* entspricht, wie *Ringbom* hervorhebt. Hier findet sich auch die legendäre Geburtsstätte Zoroasters.

Die *Chronik von Zuqnīn*, von der *Ringbom* damals keine Kenntnis hatte, liefert vielleicht einige wichtige Vergleichspunkte. Die von Johannes von fert vielleicht einige wichtige Vergleichspunkte. Die von Johannes von Hildesheim aufbewahrten mittelalterlichen Traditionen erzählen Folgendes: „Zu oberst ist der Berg keineswegs spitzförmig, sondern bildet eine Ebene; aber die Fläche ist nicht größer, als daß eine kleine Kapelle dort gerade noch Platz fände." Von der Sternwarte, wo die Magier die Erscheinung des Sternes erwarteten, erzählt Johannes ferner: „Auf der Warte aber steht eine hohe steinerne Säule und auf der Säule ein vergoldeter Stern, der sich nach dem Winde dreht, und wenn die Sonne des Tages draufscheint und der Mond des Nachts, so sieht man ihn gar fern im Lande[273]." Man ist wohl berechtigt, diese Säule in der runden, aus Steinen gemauerten Säule wiederzufinden, die 1937 von *Wilber* unter den heutigen Ruinen gesehen wurde[274]. Es wäre gewiß verlockend, in dieser Säule,

[270] Vgl. *Puech*, Le manichéisme, S. 83f.; *Widengren*, The Great Vohu Manah, Uppsala 1945, S. 15ff.

[271] *Monneret de Villard* a.a.O., S. 146f., wo er *Mons Victorialis* mit Sabalān identifizieren will.

[272] *Ringbom*, Graltempel und Paradies, S. 243ff.

[273] Nach *Ringbom* a.a.O., S. 244 angeführt. *Monneret de Villard* a.a.O., S. 182–236 behandelt diesen Autoren ausführlich.

[274] Vgl. *Ringbom* a.a.O., S. 97.

die also früher einen Stern getragen hat, die Lichtsäule mit dem Stern auf ihrer Spitze in der *Chronik von Zuqnīn* zu sehen[275].

Wir haben bereits oben auf *Hara Barzati* hingedeutet, von wo der iranische Erlöserkönig niedersteigt, um die Macht zu ergreifen[276]. Auch *Ringbom* kommt in diesem Zusammenhang – wiederum aus anderen Gründen – auf *Hara Barzati* zu sprechen und faßt den Berg von Šīz als dessen Mittelpunkt auf, somit als das kosmische Zentrum. Er verbindet ferner den kleinen Kratersee in Šīz mit der Wasserquelle auf dem mythischen Berge *Hukairya*. Wir erinnern an die Wasseranlagen in den schon geschilderten Königsgrotten und Mithrashöhlen und möchten unterstreichen, daß die Magier am *Mons Victorialis* sich in der Nähe einer Quelle aufhielten. Wieder also eine vollkommene Übereinstimmung[277]!

Wir wollen in diesem Zusammenhang auch die Aufmerksamkeit darauf lenken, daß die Bäume und die Quelle zusammen den von *Ringbom* angenommenen Paradiesgarten (*pairidaisa*) konstituieren.

Nach alledem wäre also Šīz im Westen das sakralarchitektonisch ausgestaltete Muster aller dieser Kulthöhlen, die wir sowohl in den legendären Berichten über Könige und Häresiarchen als auch in den Mithrasmyste-

[275] Vgl. oben S. 72.

[276] Nach Alburz begibt sich auch Rustam, um dort Kaikōbad als dem König der Könige zu huldigen und ihn von dort zur Versammlung der Großen Irans, sowie zum Thron der Kayaniden zu holen. Er findet den König in einem Palast am Berge, von vielen Bäumen und Quellen umgeben, mit einem Thron nahe am Wasser, auf welchem der junge Herrscher sitzt. Wir brauchen nicht besonders zu unterstreichen, wie sich diese Züge in das hier herausgearbeitete Gesamtbild einfügen: der Berg, das lebende Wasser und die grünenden Bäume kehren ja in den Beschreibungen der Höhle als der Geburtsstätte des Erlösers immer wieder. Für die ganze Schilderung vgl. Firdausi, Übers. *Mohl* I, S. 359f., und die Edition Calcutta I, S. 213.

Christensen, Les Kayanides, S. 140f. sieht in der ganzen Episode nur eine späte Nachahmung des Suchens Kai Xusrau durch Gēv. Die spezifische Bedeutung des Berges Alburz, sowie die der Beschreibung des Palastes hat er anscheinend gar nicht beachtet. Es geht aus dem Vergleich mit der Geschichte Farīdūns deutlich hervor, daß der Erlöserkönig prinzipiell gesehen vom Alburz niedersteigt, um Iran zu retten – dieses, weil er als dort geboren gedacht wird. Vgl. *Widengren*, La légende royale, Dumézil-Festschrift.

[277] Vgl. *Ringbom* a.a.O., S. 286ff. Über *Hara* (*barzaiti*) kommt Mithra herbei, Yt. 10:13. Für die Wasserquellen in den Königsgrotten und Mithrashöhlen vgl. oben S. 62f., 64, und S. 66f.. Der *locus classicus* für die Mithrashöhle findet sich bei Porphyrios, *De Anthro Nympharum* 6, wo die Beschreibung auch mit dem kosmischen Charakter dieser Kultgrotten übereinstimmt und sich die wichtige Verknüpfung von Mithrasmysterien und Zoroaster als dem Verehrer Mithras und Erfinder solcher Höhlen findet. Auf die nähere Bedeutung dieses Textes können wir in unserer Darstellung nicht eingehen.

rien antreffen. Diese Höhlen tragen einen urwüchsigen Charakter; Šīz dagegen stellt eine mit aller Kunst der Sakralarchitektur ausgenützte und ausgeformte natürliche Anlage dar. Nach der Partherzeit wird diese Anlage ins Ungeheure übersteigert, *Ringbom* hat versucht, sie zu rekonstruieren[278]. Nur aus dieser sassanidischen Epoche ist der kosmische, quadratische Sakralbau mit der heiligen Kuppel als dem künstlichen Himmelsgewölbe bezeugt[279]. Wiederum wäre es sehr verführerisch, damit die Beschreibung des Himmels in Bundahišn zu vergleichen[280].

Hier in Šīz befand sich das Kultzentrum der medischen Magier[281]. Die Religion dieser Magier war aber der Zervanismus, der – wie hier angedeutet – den Nährboden sowohl für die Mithrasmysterien als auch für den Manichäismus abgegeben hat[282]. Aus dieser Tatsache erklären sich in unserem Texte die Berührungen einerseits mit dem Mithraskultus, andererseits mit der gnostischen Kunstsprache und der technischen Terminologie des Manichäismus. Dabei bleibt noch zu untersuchen, inwieweit schon die Mithrasmysterien oder der Zervanismus eine eigentliche mystisch-gnostische Religiosität hervorgebracht haben[283].

Die *Chronik von Zuqnīn* hat nicht nur für die Kenntnis der iranischen Gedanken über die Geburt des göttlichen Erlösers und seine körperliche Inkarnation eine nicht leicht zu überschätzende Bedeutung, sondern sie gibt uns auch Aufschlüsse über den Werdegang der Gnosis als Auswirkung der kulturellen Begegnung der Parther und Mesopotamier.

Offenbar haben iranische oder in einer iranischen Umgebung lebende Christen die iranischen Traditionen über die Geburt des Erlöserkönigs aufgegriffen und ihnen eine christliche Färbung gegeben, sie aber vor allem

[278] *Ringbom* a.a.O., besonders S. 78–109.

[279] *Ringbom* a.a.O., S. 94, 96f., 102ff., 288. Es ist allgemein bekannt, daß die Thronhalle Xosraus in Šīz das Himmelsgewölbe symbolisierte, und die Frage ist, ob wir schon für die parthische Periode eine solche Anlage annehmen dürfen, was für die Deutung des kultischen und kosmischen Hintergrundes der *Mons Victorialis-Tradition* erforderlich wäre. Der parthische Tempel war im allgemeinen quadratisch angelegt, so auch in Taxt i Sulaymān, vgl. *Hopkins*, Berytus 7/1942, S. 7f. Wegen des spärlichen Materials ist es vielleicht zu gewagt, diese Anlage des parthischen Tempels mit der quadratischen Auffassung des Himmelsgebäudes zusammenzustellen. Immerhin bleibt diese Übereinstimmung doch bedeutsam.

[280] Vgl. oben S. 76.

[281] Vgl. *Wikander*, Feuerpriester, Sachregister s.v. *Šīz*. Vgl. ferner *Widengren*, Stand und Aufgaben, S. 60f., 138. In Šīz will jetzt *Ringbom* ein Anāhitā-Tempel wiederfinden (vgl. Zur Ikonographie der Göttin Anāhitā, S. 21ff.).

[282] Vgl. oben S. 52, 59f. und unten S. 85.

[283] Diese Fragestellung wurde für mich nach Gesprächen mit *Hartman* aktuell.

in Übereinstimmung mit der Evangelienerzählung in Bethlehem lokalisiert. Man fragt sich, ob nicht die hervorragende Rolle, die die Sethianischen Überlieferungen von den heiligen Offenbarungsschriften, die in der Schatzhöhle am *Mons Victorialis* niedergelegt werden[284], daher stammt, daß schon eine jüdisch-iranische Gnosis der früher angedeuteten Art sich diese Überlieferungen angeeignet hat, um sie dann den Christen, die ja in diesen Gegenden oft Juden waren, als Erbe zu geben. Jedenfalls wollte man zeigen, daß der in den iranischen Traditionen prophezeihte Erlöser Christus sei. Wir denken in diesem Zusammenhang besonders an die Provinz Adiabene, die an Ādhurbaiğān mit der Hauptstadt Šīz grenzte[285].

Nach der Krönung in Ktesiphon mußten die sassanidischen Könige eine Wallfahrt nach Šīz unternehmen[286]. Hier befand sich eine parthische Siedlung, und *Minorsky* hebt hervor, daß die Partherkönige bei Mas'ūdī „die Könige von Šīz"[287] genannt werden (*Murūğ* ed. *Barbier de Meynard & Pavet de Courteille* II, S. 235. In Šīz fand sich also allem Anschein nach die heilige Krönungsstätte der Partherkönige als Erben der medischen Herrscher. Da nun die Sassaniden nach Šīz pilgern mußten, haben sie dort wahrscheinlich einer heiligen Krönungszeremonie beigewohnt, nachdem sie in der Reichshauptstadt Ktesiphon durch die sozusagen profane Huldigungszeremonie der Wahlversammlung als Großkönige im politischen Sinn anerkannt waren[288]. Wie wir glauben, wurden sie in Šīz als Rechtsnachfolger der parthischen Könige wie irdische Inkarnationen des Erlösergottes gefeiert. Diese Annahme wird nicht nur durch die Angaben über die

[284] Die Niederlegung von geschätzten Schriften in einer Schatzkammer ist schon aus der iranischen Praxis aus Esra 6:1 für die achämenidische Periode sowie aus *Dēnkart* ed. *Madan*, S. 405:18–20; 412:3–5 bekannt. Man fragt sich, ob nicht der Name „Schatzhöhle" sowohl mit dieser Praxis als auch mit dem Namen für Šīz, nämlich *Ganzaca* (*ganža* = Schatz) zusammenhängt. So etwa auch *Ringbom*, a.a.O., S. 245f. Für die sethianische Gnosis vgl. jetzt *Doresse*, Les Livres secrets, S. 281f.

[285] Von einer ähnlichen Erzählung (bei Theodor bar Konai, Liber Scholiorum, II, S. 74f.) sagten *Bidez & Cumont*, a.a.O., S. 53 mit Recht: „Bien que le fond et même la forme de ces morceaux aient été retouchés par un rédacteur chrétien il subsiste des traits qui décèlent immédiatement l'origine mazdéenne du document mis en oeuvre.'

[286] Vgl. *Wikander*, Feuerpriester, S. 145, wo die Belege gesammelt sind. Er glaubt, diese Sitte frühestens in die Zeit von Bahrām Gōrs (421–438/9) datieren zu können, was uns allerdings noch recht unsicher erscheint, a.a.O., S. 151.

[287] *Minorsky*, BSOAS 11/1943–46, S. 256. Šīz war die Sommerresidenz der Könige von Media Atropatene, Strabo XI 13, 3. In Šīz haben die Amerikaner auch parthische Kultbauten gefunden.

[288] Näheres darüber in *Widengren*, Feudalismus im alten Iran, Kap. 5–6.

Pilgerfahrt nach Šīz, durch die Tatsache, daß Šīz eine Residenzstadt der Partherkönige gewesen ist, und durch den allgemeinen Charakter der betreffenden Abschnitte der *Chronik von Zuqnīn* gestützt, sondern auch durch die früher angeführten Texte über die „Königsgeburt" des Herrschers von Kābūl in der Kulthöhle, sowie durch die Berichte über die Legitimierung der iranischen Häresiarchen durch ihr Hervortreten aus einer solchen Grotte. Offenbar sollte der neue Herrscher sich in einer solchen Höhle eine gewisse Zeit aufhalten, um dann in Anwesenheit einer rituell agierenden Menge als der neugeborene Erlöserkönig hervorzutreten. Das heißt, daß der neue Herrscher die Hauptrolle in einem rituellen Drama spielte, das in symbolischer Form seine Eigenschaft als Erlöserkönig zum Ausdruck brachte[289]. Der neue Herrscher erscheint als der reinkarnierte, neugeborene Mithra[290].

Es mag auffallend sein, daß in den christlichen Berichten die Magier gleichzeitig als Magier und als Könige erscheinen. Dieser Umstand *kann* indes durchaus bestimmte Verhältnisse im Nordwesten und Westen widerspiegeln. Aus Armenien besitzen wir immerhin aus parthischer Zeit aufschlußreiche Angaben bei dem so oft mit Recht hart kritisierten Moses Xorenaçi, der aber für das „Zuständliche" recht wertvolle Notizen liefert. Er erzählt, wie König Erwand seinen Bruder Erwaz[291] zum Oberpriester in dem Reichsheiligtum in Armavir am Araxes bestellte. Es folgte aber eine Revolution. Erwand fiel durch Artašes, ein Sohn des seinerseits von Erwand beseitigten alten Königs. Der Bruder Erwands, der fürstliche Oberpriester in Armavir, wurde ebenfalls von dem neuen König Artašes hingerichtet. Für den Dienst der Götter wurde ein Mann aus dem „königlichen Hause" (d.i. die Familie in feudalem Sinn = *tun* = parthisch *katak*[292], als Oberpriester eingesetzt.

> *Ew 'i teli nora 'i veray bagnaçn kaçuçanē zəntani Artašisi, ašakert mogi orumn erazahani, or yayn saks ew Mogpaštē anun kardayin.*
>
> *Moses Xorenaçi* II 48

[289] Näheres darüber in *Widengren*, La royauté de l'Iran antique, Kap. 1.

[290] Es scheint uns bedeutsam, daß der fürstliche Priester von Armavir nach *Manandian* den Namen Mithras führte, vgl. Vostan I, S. 279f., was ich allerdings nicht belegen kann.

[291] Über diese Gestalten vgl. *Justi*, Iranisches Namenbuch, S. 89.

[292] Über diese Termini habe ich mich in meinen Untersuchungen über den iranischen Feudalismus geäußert, vgl. *Widengren*, Recherches sur le féodalisme iranien, S. 96ff., 100f., 104, 149.

Als Oberpriester der in Armavir verehrten Götter Tīr und Anāhita[293] wird also ein Magierschüler eingesetzt, der aus dem königlichen Hause stammt. Da ist wiederum die nahe Verknüpfung zwischen dem Königshause und dem oberpriesterlichen Amte an dem Heiligtum in Armavir. Es ist gewiß nicht bedeutungslos, daß der armenische Ausdruck *ašakert mogi* aus zwei parthischen Lehnwörtern besteht und somit aller Wahrscheinlichlichkeit nach einen authentischen parthischen Terminus wiedergibt[294]. Zum Oberpriester im Reichstempel zu Armavir wurde also *ein Magier* eingesetzt. Dieses Sachverhältnis erinnert uns an die bekannte griechisch-aramäische Bilinguis aus Farasha in Kappadokien[295], wo es u.a. heißt: εμαγευσε Μιθρη מגיש [למ]תרא.

Dieses übersetzt man nach *Cumont*: „Ich wurde Magier des Mithra", d.h. ich tat Magierdienst für Mithra[296]. Die Magier standen hier im Westen ja seit langem im Dienste Mithras und ebenso der anderen iranischen Götter[297]. Eben darum sehen wir die mythischen Stifter der Mithrasmysterien, Zoroaster und Hystaspes, als Magier gekleidet, in dem Mithræum zu Dura an den Wänden der Apsis dargestellt. Das nimmt nicht Wunder;

[293] Moses II 12 nennt die betreffenden Götter Apollon und Artemis. Aber wie *Carrière*, Les huit sanctuaires de l'Arménie payenne, S. 18ff. aufgezeigt hat, handelt es sich – wie ein Vergleich mit dem armenischen Text des Agathangelos beweist – um die iranischen Gottheiten Tīr und Anahīta.

[294] Das Wort *ašakert* ist parthisch (vgl. unsere Arbeit hier S. 90). Ebenso ist *mog* gleich parth. *mōγ*, das mpers. *mōv* heißt, vgl. parth. *margārīt*. Im Armenischen finden wir das ältere parthische *mogpet* durch das sassanidische Lehnwort *movpet* abgelöst, ebenso in den sassanidischen Inschriften *magupat* (vgl. *Wikander*, Feuerpriester, S. 181), in der syrischen Literatur (*mōhpatā*) d.h. *mōhpat*<*mōγpat*. Für die Form *moγ-* vgl. auch das Wort *mwγzt-* im Soghdischen mit der Bedeutung „Magiertötung", (vgl. *Henning*, JRAS 1944, S. 135). Für die Bedeutung von *mogpašt* als „Magierdiener" kann man das Lehnwort *paštel* „verehren" vergleichen. Dieses Verbum dürfte nämlich iranisch sein, auch wenn wir mit *Henning*, MirM III, S. 60 [905]b in dem parthischen *paštag* nicht den Sinn von „verehrt" (so *Lentz* in *Waldschmidt–Lentz*, Die Stellung Jesu, S. 115 : 18 nach *Andreas*), sondern von „gefesselt" annehmen wollen. Der Kontext ist in den betreffenden Stellen leider zu unbestimmt, um sichere Schlüsse zu erlauben. Die Herkunft des Verbums *paštel* klärt sich indessen durch einen Vergleich mit dem Substantivum *pašt* „Diener" auf; denn wie *Nyberg* schon längst erwiesen hat, ist das armenische Wort *pašt* nichts anderes als ein Lehnw. aus mparth. **parišt* (vgl. *Nyberg*, Hilfsbuch, II, S. 170 s.v. *paraštātan*). Vgl. ferner *Widengren*, Recherches sur le féodalisme iranien, S. 115f. Hinzuzufügen ist ein Vergleich mit *kra-parišt*, Götterverehrer, und *krakapašt* <**krakaparišt*.

[295] Vgl. zuletzt *Benveniste*, Les mages dans l'ancien Iran, S. 28–30.

[296] Vgl. *Cumont*, Die orientalischen Religionen, S. 282.

[297] Vgl. *Nyberg*, Die Religionen des alten Iran, S. 335–342, 374ff. *Nyberg* sieht die Magier in Rage als den „Ausgangspunkt" des ganzen westlichen Zoroastrismus an. Vgl. ferner *Widengren*, Stand und Aufgaben, S. 101f.

denn die Magier hatten seit langem die heilige Geschichte des Zoroastrismus für ihren Zweck in Anspruch genommen[298].

In diese Entwicklung gehört auch Mani hinein mit seiner parthischen Herkunft und seiner Anknüpfung an Mithrasverehrung und Zervanismus, sowie mit seinem Auftreten als Mithraspriester und Magier (*Acta Archelai, sacerdos Mithræ* S. 59:27)[299].

Mithra hat nun tatsächlich nicht nur im nordwestlichen Iran, im Hauptsitz der Meder, Parther und – der Magier, ein verbreiteter Kultus gegolten, sondern er wurde auch im parthischen Armenien offiziell verehrt. In Bagayarič, im westlichen Teil von Armenien, dem sogenannten Kleinarmenien, nördlich des westlichen Flußarmes des Euphrat, befand sich ein Mithra geweihter Tempel, der unter Tiridates und Gregorius Illuminator (rund 300 n. Chr.) zerstört wurde. Von dieser Zerstörung durch Gregorius erzählt nun Agathangelos folgendes:

Gayr hasanēr i Mrhakan meheann anuaneal ordwoyn Aramazday, i giwln zor Bagayaṙičn koçen əst part'ewarēn lezuin: ew zayn i himanç breal xlēin, ew zganjsn mt'ereals awar harkanēin ew ałk'ataç bašxēin, ew ztełisn nuirēin ekełeçwoy.

Agathangelos ed. Tiflis 1909 § 790.

„Ebenso kam er zu dem Götzentempel des Meher, der der Sohn des Aramazd genannt wurde, in der Siedlung, die man in parthischer Sprache Bagayarič nennt, und diesen (Tempel) riß man bis zu den Fundamenten nieder, und die gesammelten Schätze plünderte man und teilte sie an die Armen aus, und die Gebiete (des Tempels) weihte man der Kirche.“

Der Name dieses Tempelgebietes ist, wie es heißt, in *parthischer* Sprache *Bagayarič*, ein Name, den schon *Markwart* als *Bāgayādiš*, d. h. „Götterverehrung“, richtig gedeutet hat, unter Hinweis auf den Umstand, daß Mithra eben dieser Gott, *baga*, sei, so wie es ja auch aus der armenischen Notiz hervorgeht[300]. Nun ist es aber eigentümlich, daß dieser Name als

[298] Vgl. *Nyberg* a.a.O., S. 337ff. und *Widengren* a.a.O., S. 83–85.

[299] Die mandäischen Münzen würden für dieselbe Richtung sprechen, falls *Lidzbarski*, Zeitschrift f. Numismatik 33/1922, S. 91ff. im Recht bleibt mit der ihm teilweise von *Andreas* gegebenen Lesung und Deutung: מאני אסתאד אי מהרא als „Mani, der Aufgestellte (Eingesetzte) des Mithra“, wobei aber auch zu erwägen wäre, ob nicht dem ursprünglichen Gedanken *Lidzbarskis*, *ustād* zu lesen, der Vorrang vor der doch etwas geschraubten Übersetzung von *Andreas* zu geben wäre. Vgl. ferner *Widengren*, Stand und Aufgaben, S. 124.

[300] *Markwart*, Untersuchungen zur Geschichte von Iran I, Göttingen 1896, S. 65. Dieser Name bezeichnet den siebenten Monat, der in Phl. und npers. Mihr heißt. Auch hier haben wir also die Gleichheit *baga* = Mithra. (Für die Stellung Mithras vgl. auch *Markwart*, Südarmenien und die Tigrisquellen, S. 535, wo er konstatiert, daß „*mehean* 'Heiligtum,' wörtlich = Μιθραῖον ist.) Zwar bezweifelt *Henning*

parthisch bezeichnet wird, da er tatsächlich alt-*persisch* ist, weil im Apers. die Wurzel *yad-* dem avestischen *yaz-* entspricht. Wir müssen, um diese sich widersprechenden Tatsachen miteinander in Einklang bringen zu können, annehmen, daß die Parther den schon altpersischen Namen des Zentrums der Mithra-Verehrung in Armenien einfach übernommen haben und daß deshalb dieser Name einer späteren Zeit als „parthisch" erscheinen konnte.

Mit diesen Ausführungen glauben wir unserer früheren Behauptung, daß die Mithra-Verehrung im Nordwesten Irans und in Armenien stark verbreitet war, einen konkreten Hintergrund gegeben zu haben. Auf jeden Fall scheint uns die folgende Aussage von *Wikander* durch nichts bewiesen: „Es ist aber bemerkenswert, daß die Belege für Mithra-Verehrung in Armenien indirekter Natur sind[301]." Notizen über einen Tempel mit Tempelschatz und Latifundien sind doch Belege so *direkter Natur*, wie man es sich nur wünschen kann. So bleibt diese Aussage *Wikanders*, der übrigens den Mithra-Tempel in Bagayarič auch nicht mit einem einzigen Wort erwähnt, vollkommen unverständlich. Aber wie gesagt, die sämtlichen Belege einer Mithra-Religion in den besagten Gegenden können wir in diesem Zusammenhang nicht vorlegen.

(JRAS 1944, S. 134), die von *Markwart* gegebene Etymologie; aber *Kent*, Old Persian, akzeptiert sie (vgl. S. 199 a und die dort angeführten Paragraphen seines Lehrbuches), und *Duchesne-Guillemin* hat sie kürzlich verteidigt (vgl. Ormazd et Ahriman, S. 17 und BSOAS 13/1950, S. 638 Anm. 2). Für Mithras als *baga* vgl. auch die von *Henning* a.a.O., S. 135 Anm. 1 u. 2 angeführten Tatsachen aus Ostiran.

[301] *Wikander*, Feuerpriester, S. 217.

IX. Schlußwort

Alle über Zarathustra als einen Schreiber göttlicher Offenbarungen und als einen mit göttlicher Weisheit ausgerüsteten Offenbarungsträger umlaufenden Traditionen machen es klar – ebenso wie die Angabe über das Rezitieren der Magier aus einem heiligen Buch beim Opfern – daß die iranische Religion durch die Begegnung mit der vorderorientalischen Schriftkultur sich selbst ihre heiligen Schriften geschaffen hat. Zoroaster und Hystaspes werden stets als die Inhaber einer solchen schriftlichen Offenbarung erwähnt. Es ist gewiß kein Zufall, daß wir im Mithraeum von Dura zwei Magier als heilige Stifter mit dem in einem *libellus* niedergeschriebenen Gotteswort abgebildet sehen. In diesen Gestalten hat man sehr ansprechend Zoroaster und Hystaspes vermutet. Auch die Mithras-Mysterien gehen also auf diese Bringer der geschriebenen Offenbarung zurück. Alle Gestaltungen der iranischen Religion sind somit in parthischer Zeit durch den Kulturkontakt mit dem vorderen Orient Inhaber göttlicher Schriften geworden. Die iranische Religion ist in parthischer Zeit eine Buchreligion geworden.

Als zwei Brennpunkte des parthisch-semitischen Kulturkontaktes haben wir in Mesopotamien Edessa und Südbabylonien zu betrachten. Unsere Darstellung hat sich bewußt auf diese Zentren konzentriert. Es ist gewiß kein Zufall, daß jedes dieser Zentren einen hervorragenden Typenrepräsentanten gefunden hat, nämlich Edessa in Bardesanes und Südbabylonien in Mani. Bei aller Verschiedenheit in psychischer und physischer Veranlagung dürfen wir nicht vergessen, daß beide auf der einerseits durch semitisch-mesopotamisch-hellenistische, andererseits durch parthische Kulturelemente aufgebauten Kultur und Religion des parthischen Mesopotamiens fußen und diese Kultur leidenschaftlich bejahen. Es wäre verlockend, in Bardesanes den mehr intellektuellen, in Mani den mehr emotionellen Repräsentanten dieser Kultursynthese zu sehen; jedoch ist dieser Eindruck wahrscheinlich nur oberflächlich und beruht auf unserer mangelnden Quellenkenntnis hinsichtlich Bardesanes. Beide gehören jedenfalls der höheren Feudalklasse an, sind am Königshofe gern gesehene Gäste und bezeugen somit die Ausdehnung der kulturellen und religiösen Interessen, welche die mehr intellektuell und religiös veranlagte Schicht der höheren Gesellschaft unter den Parthern Mesopotamiens kennzeichnete.

Neben Edessa und Mesene in Südbabylonien tritt als eine dritte sehr bedeutungsvolle Landschaft Adiabene, wo ja der speziell jüdische Einfluß sehr stark war und die Auseinandersetzung mit der iranischen Kultur bedeutsame Ergebnisse zeitigte. Der von uns oben aufgezeigte Zusammenhang zwischen der iranischen königlichen Geburtslegende und den jüdisch-mandäischen Überlieferungen über die Geburt Johannes des Täufers wie die mandäischen Überlieferungen über die parthisch-mandäischen Verbindungen deuten ebenfalls auf eine Landschaft wie Adiabene hin. Eine starke Persönlichkeit wie Bardesanes oder Mani wird uns aber hier nicht greifbar. Doch hat Adiabene als Brücke zwischen dem hauptsächlich semitischen Mesopotamien und dem eigentlichen Iran gedient und hat dadurch in der iranisch-semitischen Kulturbegegnung in parthischer Zeit eine große Rolle gespielt.

Die wirtschaftlichen, verwaltungsmäßigen, politischen und militärischen Seiten der Auseinandersetzung der Iranier mit den Semiten des Vorderen Orients in parthischer Zeit müssen einer künftigen Darstellung vorbehalten bleiben. Dann wird es möglich sein, auch den Gegensatz zu den ostiranischen Teilen des parthischen Imperiums scharf ins Auge zu fassen. Auf der einen Seite steht ja der mesopotamisch-semitische Einfluß mit seinen Einschlägen hellenistischer Kultur, auf der anderen Seite der indische, hauptsächlich buddhistische Faktor.

Das in dieser Übersicht gewonnene Resultat deckt sich also nur mit gewissen Aspekten des reichen kulturellen Lebens des Partherreiches. Nicht nur, daß hier lediglich die Umrisse ganz flüchtig skizziert wurden; vor allem bleibt das Bild deshalb einseitig, weil wir den bedeutenden hellenistischen Kultureinfluß nicht miteinbezogen haben. Auch unter den Parthern, zumal unter der führenden Schicht, nämlich am Hof und im Feudaladel, hat der hellenistische Geist, wie bekannt, Bewunderer und Freunde gefunden. Es bedarf aber eingehenderer Untersuchungen, um feststellen zu können wie tief und nachhaltig sich dieser Einfluß ausgewirkt hat. Eine solche Aufgabe bleibt wiederum für die Zukunft zurückgestellt. Es ist unsere Hoffnung, in absehbarer Zeit die parthische Gesellschaft und Kultur in einem Querschnitt schildern zu können. Diese dringende Aufgabe bedarf aber mehrerer Vorstudien, von denen wir soeben angefangen haben die auf die feudalistisch-militärischen Einrichtungen hinzielenden Untersuchungen zu veröffentlichen. Ebenso wird das parthische Königtum innerhalb unserer Darstellung des altiranischen Königtums mit behandelt. Aber auch die hier gegebene Skizze, deren Mängel wir uns vollkommen bewußt sind, will und kann im Grunde nicht mehr sein als eine Vorarbeit für eine spätere Gesamtschau.

Beigabe I

Parthische Lehnwörter im Mandäischen

adyawrā, אדיאורא
mparth. *aδyāvar*, MirM III 48 [893]a; *Horn*, Grundriß, No. 1121; *Tedesco*, MO XV/1921, S. 207f.; *Widengren*, The Great Vohu Manah, UUÅ 1945:5, S. 79f.

anāpōqā, *anāpqā*, אנאפקא אנפוקא
mir. *anāp(ak)* *AirWb* Kol. 123a; *Horn*, Grundriß, No. 1015; *Hübschmann* Pers. Stud., S. 100; Armenische Gr., S. 97:20; armen. Lehnw. *anapak*. Talmudaramäisch *anāpeqā*, *Telegdi*, JA 1935, S. 226, 230:20, von ihm zuerst als iranisches Lehnw. erkannt, aber das mandäische Wort nicht notiert. *Lidzbarski*, Ginzā, S. 116 Anm. 1 sagt: „Die Bedeutung ist unbekannt. Babylonisch scheint es nicht zu sein." Das mandäische *anāpqā* ist dasselbe Wort wie das talmudaram. und also das armen. Die Verdunkelung von langem *a* zu *o* ist leicht zu erklären. In einer Form wäre also diese Verdunkelung eingetreten, in einer anderen der Vokal reduziert;

angōzā, *amōzā*, אמוזא ׳אנגוזא
mir. *amgōz*, in Bphl. *gōz* z.B. *King Husrav*, Gloss. No. 101; osset. *ängozä*, *Miller*, Sprache der Osseten, S. 10; armen. *əngoiz*, *Hübschmann*, Armen. Gr., S. 393:4; ZDMG 46, S. 236; *Horn*, GrIrPh I 2, S. 8.
Beide Formen stehen im Mandäischen nebeneinander *Šarḥ* S. 8:23 *amōzā* und S. 8:26 *angōzē*. Nur die letztere Form ist die ursprüngliche, denn in Talmud haben wir *amgōzā*, woneben *aggōz* bei *Löw*, Aramäische Pflanzennamen, S. 63:63 notiert ist. Die syrische Form ist *gauzā*, *Brockelmann*, Lex. Syr., S. 108b, wo das Material ganz ungenügend ist und der iranische Urspr. darum nur hypothetisch angenommen ist. Vgl. ferner *Laufer*, Sinoiranica, S. 254ff.; *Nöldeke*, Neue Beitr., S. 43. *Telegdi* hat dieses Lehnwort nicht bemerkt. Das mandäische Wort hat in der Form *angōzā* die armenisch-nordiranische Lautgestalt bewahrt, die auch im Talmudaram. zu finden ist, und dürfte darum parthisch sein, wofür ja auch die Psilose spricht, denn *amgōz* kommt doch wohl sicher aus* *hamgōz*.

anšīr, אנשיר
mir. *anǧīr*, z.B. Frahang IV 7. Kurdisch *hēžīr* deutet wohl auf *hanžīr*, was *hanšīr* in der parthischen Schrift geschrieben werden könnte. Auf parthischen Ursprung deutet die Psilose. Das Wort kommt z.B. Šarḥ dQabin 7 (150) vor.

aškartā, אשכארתא
mparth. *ašākert MirM* II, S. 56 [374]b; *Horn*, Grundriß, No. 900 Anm. 1; *Benveniste*, Transact. Philol. Soc. 1945, S. 69; armenisch *ašakert*. *Lidzbarski*, Ginzā, S. 416 Anm. 1 hat das iranische Wort, aber nicht den parthischen Ursprung erkannt.

aštargān, אשתארגאן
mir. **uštrgān* < np. *ušturgān*, *Steingass*, Lex., S. 63b; Wechselform *ušturγār*, *Horn*, GrIrPh I 2, S. 70; *Lidzbarski*, Johannesbuch II, S. 214 Anm. 4; *Drower*, Šarḥ dQabin, S. 15:180; *Löw*, Aram. Pflanzennamen, S. 37, 251f., wo „Origanum Maru“ behandelt wird, in Johannesbuch auch „Maru aštargān“ genannt. Der Stab des Bräutigams, *margnā*, wird daraus gemacht, *Šarḥ*. Die iranische Bezeichnung ist von *Windischmann*, Zor. Stud., S. 109 behandelt mit Hinweis auf Bundahišn (ed. *Anklesaria*, S. 119: 9). Dasselbe Lehnwort kommt auch im Syrischen vor (vgl. *Löw* a.a.O.; *Brockelmann*, Lex.Syr., S. 53b bringt das Wort nicht). Da *uštr*, *Horn*, Grundriß No. 87 offenbar ein parthisches Wort ist (vgl. *Lentz*, ZII 4/1926, S. 304:165), dürfte auch *uštrgān* aus der parthischen Sprache stammen. In der betreffenden Stelle in *Šarḥ* haben wir also zwei parthische Lehnwörter, was dafür spricht, daß die Vorschrift als solche aus einem medisch-parthischen Milieu stammt.

āwānā, אואנא
mir. *āvān*, parthisch vgl. *Henning*, BSOAS 14/1952, S. 520; *Benveniste-Meillet*, Grammaire § 265 ap. *āvahana*; armenisch *avan*, *Hübschmann*, Armen. Gramm., S. 112:78. *Telegdi*, JA 226/1935, S. 226:9 hat das Wort auch im Mandäischen und Syrischen (*Brockelmann*, Lex.Syr., S. 7b unter Hinweis auf *Nöldeke*, Mand.Gramm., S. 136 Anm. 1 ist falsch), aber nicht den parthischen Ursprung erkannt. Dies war in der Tat unmöglich, bevor *Henning* seinen Aufsatz publiziert hatte, worin er zeigte, daß mparth. *āvān* einem mpers. *āyān* entsprechen würde.

āwār, אואר
mir. *āvār Horn*, Grundriß, No. 53; armenisch *avar Hübschmann*, Arm. Gramm., S. 112:80. Schon von *Nöldeke* a.a.O., S. XXXII, 305 als iranisches Lehnwort erkannt. Das Wort ist parthisch, vgl. *Tedesco* a.a.O., § 9b

und das armenische Lehnwort. Es findet sich in den mandäischen Texten z.B. GR 385:7.

azmyōz, אזמיוז

mir. **ăzmyōz*, gebildet wie *razmyōz*, aus **azm* (=np. *azm*) + *yōz* $\sqrt{yuz}$-. Das Wort kommt z.B. *Lidzbarski*, Mandäische Liturgien, S. 218:5 vor. Aus dem Kontext wird die Bedeutung nicht klar. Wir können nur sagen, daß *azmyōz* ein schon feststehendes Epitheton des Weines ist. Das np. *azm* bedeutet „Nachkomme": aber „Nachkommen suchend" paßt nicht gut. Eine Anknüpfung an den Stamm *āz*-, AirWb Kol. 223a ergibt aber auch die Möglichkeit eine Bedeutung wie „Lust" anzunehmen und „lusterregend" zu übersetzen, da ja *yōz*- auch kaus. „aufwecken, erregen" bedeuten kann, vgl. *AirWb* Kol. 1231f. *s.v. yaoz*-. Vielleicht müssen wir mehr parthische Textpublikationen abwarten. Parthisch scheint das Wort nämlich zu sein; denn *yōz* gehört zum NW-Dialekt, (vgl. *Lentz*, ZII 4/1926, S. 265), ebenso wie die Lautgruppe *zm* (*ib.* S. 263). Das iranische Lehnwort war bisher nicht erkannt.

bargaudā, ברגודא

mparth. *bargōδ Henning*, Sogdica, S. 39, 41; *Wikander*, MO XXXVI/1946, S. 6–8; armenisch *paregautk'*, *Hübschmann*, Arm.Gramm., S. 227: 530. Von *Telegdi* (JA 226/1935, S. 250: 107) als iranisches Lehnwort erkannt; aber seine Darstellung ist unvollständig und durch *Henning* und vor allem *Wikander* zu ergänzen bzw. korrigieren.

bastirqā, באסתירקא

mir. *vastrag*, *Telegdi*, a.a.O. S. 235: 34. Das Wort ist mparth., denn *ba* < *va*, vgl. *Nyberg*, Hilfsb. II, S. 234 s.v. *varz.* Im Mandäischen bedeutet es „Prachtkleid", vgl. *Nöldeke*, a.a.O., S. XXXII. *Horn*, a.a.O., verlorenes Sprachgut. 215 ist zu berichtigen.

bīlūr, בילור

mparth. *bylwr*, Bergkristall, npers. *bilūr*; *Henning*, A List, BSOS 9/1937–39, S. 81. Das Wort kommt oft in Ginzā vor(vgl. auch *Lidzbarski*, Joh. b. II, S. 63 Anm. 1). Im mandäischen Schrifttum bezeichnet das Wort offenbar ein Blasinstrument. Diese Bedeutungsentwicklung ist nicht leicht zu erklären.

burzenqā, בורזינקא

mir. **barzang*; vgl. *Lagarde*, Gesammelte Abhandlungen, S. 24: 53; *Horn*, Grundriß No. 239 „verlorenes Sprachgut". Das Wort ist parthisch wegen *z* in *zang*, (vgl. *Tedesco*, MO XV/1921, S. 189). Für das mandäische Wort vgl. *Lidzbarski*, Johannesbuch II, S. 30 Anm. 2, wo *Zimmern* einen Zusammenhang mit akkad. *baršigu* sucht; das ist natürlich unmöglich. Das Wort kommt auch im Syrischen vor, gewöhnlich mit der Bedeutung „Beinschiene", doch kommt auch die Bedeutung „Kopfbinde" vor, vgl. *Nöldeke*, a.a.O., S. 20 Anm. 2. (*Brockelmann*, Lex. Syr., S. 96a *barzanqā*, Theod. bar Konai ed. *Scheer*, I, S. 258: 4). Im Mandäischen scheint wenigstens hier und da eine Bedeutung „Hauptbinde" die natürliche Bedeutung zu sein (vgl. *Lidzbarski*, a.a.O., S. 50 Anm. 1 und *Nöldeke*, Mand. Gramm., S. 20 Anm. 2). Die Form mit *u* kommt auch im Talmud-Aramäischen vor, wie *Nöldeke* notiert, aber *Telegdi* nicht registriert hat. Ob die zwei Bedeutungen des Lehnwortes im Aram. darauf beruhen, daß *zang* „Bein" und *zanax* < **zanaka-* „Kinn", hier zusammengefallen sind, so daß wir ursprünglich zwei Worte im mir. besaßen, *barzang* und *barzanax*? Das Präwort *bar-* ist aus *pairi* zu derivieren, wie *bar-* in *bargaudā*. Die Form **barzenqā* zeigt den gewöhnlichen Wechsel *a*:*e*, vgl. hier z. B. *paršegnā*. Die später gefolgte Verdunkelung *-a* > *u* bereitet im Mandäischen keine Schwierigkeiten, vgl. *Telegdi*, a.a.O., S. 223; Nöldeke, a.a.O., S. 20.

dašt, דאשת

mir. *dašt* in beiden Dialekten, *MirM* I–III; *Nyberg*, Hilfsbuch II, S. 50. Das Wort scheint wegen *št* ursprünglich parthisch sein (obgl. *Tedesco* a.a.O., S. 205 d) in der Gruppe *-ašt*:*-ast* keine dialektische Verteilung annimmt. Dies ist aber falsch, wie auch *Telegdi*, a.a.O., S. 203 anzunehmen scheint. Er führt nämlich ganz richtig mir. *taštak* als mparth. Form gegen npers. *tast* als SW Form auf. Vgl. ferner unten s.v. *ṭaštā*.

dištā, דישתא

dasselbe Wort, die Aussprache war wohl *dešta*. Für das mandäische Wort vgl. *Nöldeke* a.a.O., S. 171 und *Lidzbarski*, *Ginzā*, S. 417 Anm. 1.

drafšā, *drabšā*, דראבשא· דראפשא

mir. *drafš Horn*, Grundriß, No. 553; parthisch *MirM* III, S. 53 [898] b; armenisch *drauš Hübschmann*, Armen. Gramm., S. 147, 211. Für das mandäische Wort vgl. *Nöldeke* a.a.O., S. XXXIII, 389 Anm. 1. Im Syrischen (vgl. *Brockelmann*, Lex. Syr., S. 168 a) ist dieses Lehnwort bisher nur spät belegt.

estōg, עסתוג

mir. *stōk GrIrPh* I 2, S. 30, *stōk* < *stavak* < **ustavaka*; mparth. *əstav*, vgl. *Henning*, OLZ 1934, Kol. 9; BSOS 9/1937–39, S. 81 und bph. *stav* vgl. *Nyberg*, Hilfsbuch II, S. 208, *stav* und *əstav* < **ustava*. Der Herleitung des mandäischen Wortes aus einem parthischen, bisher m. W. nach nicht belegten **əstavaγ* steht wohl nichts entgegen. Den iranischen Ursprung hat *Nöldeke* a.a.O., S. XXXI vermerkt.

gawāzā, גאואזא

mparth. *gavāz* (< avest. *gavāza-*); npers. *gavāz*; armenisch *gavazan* „Stab, Hirtenstab, Gerte, Rute, Zweig“ (*Hübschmann*, Armen. Gr., S. 126: 130). Vgl. auch Pers. Stud., S. 90 und *Horn*, Grundriß, No. 888; GrIrPh I 2, S. 69. Für das Mandäische vgl. *Lidzbarski*, Mand. Lit., S. 21 Anm. 2; Joh.Buch, I, S. 173: 4. Auch im Syrischen zu finden als *gavāzā*; vgl. *Brockelmann*, Lex. Syr., S. 108 b, wo auch auf das entsprechende jüd. aram. Wort verwiesen wird und der iranische Ursprung desWortes erkannt ist. Nur kommt das aramäische Wort natürlich nicht, wie *Brockelmann* angibt, aus dem npers. *gavāzan* (npers. ist ja übrigens auch *gavāz* vorhanden), das mit dem armen. Wort übereinstimmt, sondern direkt aus dem mir. *gavāz*, das in Draxt āsūrīk § 7 als parthisches Wort belegt ist. Das syrische Wort ist nach *Brockelmann* nur in syrisch-arabischen Glossen vorhanden, muß aber der lebendigen Sprache angehört haben. Die urspr. Bedeutung ist „Ochsenstachel“.

gōsānā, גוסאנא

mparth. *gōsān*, npers. *gōsān*; vgl. die ausführliche Sachbehandlung bei *Boyce*, JRAS 1957, S. 10–45. Dadurch daß *Henning* das mparth. Wort *gōsān* in einem noch zu publizierenden Text gefunden hat, wurde das mandäische Wort *gōsānā* von ihm als Lehnwort erkannt (vgl. JRAS 1957, S. 11 und17). Das mandäische Wort kommt nur selten vor (vgl. *Boyce*, a.a.O., S. 17). Vgl. *Hübschmann*, Arm. Gr., 131:149; *gusan*, vielleicht mit *gos*, Trommel, Pauke. vgl. S. 264:30, zusammenhängend.

handāmā, האנדאמא

mparth. *handām*, *MirM* III, S. 55 [900] b; mp. *hannām*, *MirM* I, S. 40 [212] a reichsaramäisch und syrisch *haddāmā* (vgl. *Telegdi*, JA 226/1935, S. 241: 59). Für das mandäische Wort vgl. *Nöldeke* a.a.O., S. 51, wo der iranische Ursprung notiert ist. Das Wort kann älter als die parthische Periode in der aramäischen Sprache Babyloniens sein, weil ja das reichsaramäische Lehnwort dieselbe Form wie im Mandäischen hat; denn *handām* > *haddām*, was wieder durch Auflösung der Doppelkonsonanz mit *nd* zu *handām* werden konnte, vgl. *Nöldeke* a.a.O., § 68.

hanšeman, האנשימאן

mparth. *anžaman*, MirM III, S. 49 [894] b, älter *hanžaman* in Paikuliinschrift (vgl. *Lentz*, ZII 4/1926, S. 278: 22). Für das mandäische Wort vgl. *Nöldeke* a.a.O., S. 305, *Petermann* gibt in seinem Variantenverzeichnis zu *Ginzā* als Variante auch *hanšaman, Nöldeke* a.a.O., S. 2 Anm. 1 auch *handšaman*, dies deutlich eine jüngere Schreibung. Für die Wiedergabe von *ž* mit *š* vgl. die Schreibungen in den parthischen Fassungen der Sassanideninschriften. Das Wort ist also parthisch im Gegensatz zur Form desselben Lehnwortes im Syrischen, wo wir *hanzaman* finden (*Brockelmann*, Lex. Syr., S. 178f.). Als Lehnwort schon bei *Nöldeke* notiert.

hemyānā, הימיאנא

mir. *hamyān*, **hemyān*, *Horn*, Grundriß, No. 1105. Talmud-Aramäisch und syrisch: *Telegdi*, JA 226/1935, S. 241: 60 (< **ham-yāhana*), wo das mandäische Wort nicht registriert ist; für dieses vgl. *Widengren*, RoB VII/1948, S. 39 Anm. 7 und VT, Suppl. IX/1957, S. 222f. Für das Syrische vgl. *Brockelmann*, Lex. Syr., S. 177 b. Das Wort ist allem Anschein nach schon in parthischer Zeit ein Lehnwort im Aramäischen, weil bei Josephus belegt, (vgl. Antiquitates III 7, 2 ἑμιᾶν, also die gleiche Form).

kabīṣā, כאביצא

mir. *kapīč*, armen. *kapič*. Auch talmud-aramäisch, vgl. *Telegdi*, JA 226/1935, S. 254: 24 (wo das mandäische Wort verzeichnet ist) und syrisch, vgl. *Brockelmann*, Lex. Syr., S. 682 b, vorhanden. Beide diese Dialekte zeigen die Form *qᵉp̄īzā*. Als Lehnwort im Mandäischen *Nöldeke*, Geschichte der Perser und Araber, S. 246 Anm. 6, erkannt. Vgl. ferner *Lagarde*, GA, S. 81: 207; *Fraenkel*, Aram. Fremdw., S. 207; *Bailey*, Transact. Philol. Soc. 1954, S. 149. Die Wechselformen *kapīč* und **kapīz* deuten auf einen parthischen Ursprung. Die mandäische Schreibung *kabīṣā* mit *ṣ* entspricht entweder der Form **kabīč* < *kapīč* oder **kapīz*, vgl. unten *s.v. parṣendā*.

margānītā, pl. *margānē*, מארגאניתא, מארגאניא

mparth. *margārīt*, *murgārīt*, vgl. die ausführliche Behandlung bei *Widengren*, Muhammad, the Apostle of God, S. 194f. Parthisch wegen *g* anstatt *v*, vgl. *mōγpat* gegen *mōvpat*; **mōhpat*: np. *mōbad*; das parth. *mōγpat* entwickelt sich durch Erweichung des *γ* in *h* zu *mōhpat*, das in syr. *mōhpaṭā* (so zu lesen; vokalisiert wird *mauhpaṭā* nach allgemeinen syrischen Vokalgesetzen, die *au* fordern, wo das Reichsaramäische *ō* hat, vgl. *Nöldeke*, Kurzgefaßte syrische Grammatik, § 49) belegt ist (vgl. *Brockelmann*, Lex. Syr., S. 402 b).

mārgnā, מארגנא

air. **māragna-*, postuliert von *Müller* (WZKM 8/1894, S. 365), von *Hübschmann*, KZ 36/1900, als „schlangentötend" übersetzt und mit *xrafstrayna-* Vd. 14:8 verglichen. Dieses Wort wird tatsächlich mit *mārgan* in der Phlübers. erläutert (vgl. AirWb, Kol. 538). Das Wort existierte schon in der altir. Lautgestalt, wie aus der griechischen Transkription μάραγνα ersichtlich ist. Das mandäische Wort ist als Lehnwort erkannt bei *Nöldeke*, Mand. Gr., S. XXX. Auch syrisch ist es vorhanden (vgl. *Brockelmann*, Lex. Syr., S. 402 b). Es ist wohl ein medischer Terminus, von den Parthern geerbt. Mandäisch: *mārgnā* aus *mārgan*, st. det., *mārg*^{e}*nā*, also nicht aus *māragna-*.

našīrā, נאשירא

mparth. *naxšīr*, Šāhpuhrinschr. KZ, Z. 59; sogd. *nxšyr Henning*, BBB, S. 60: 511; mp. *naxčīr Nyberg*, Hilfsbuch II, S. 154; armenisch *naxčir*(*k*ʿ) *Hübschmann*, Arm. Gramm., S. 200: 429. Dieses Lehnwort kommt in seiner parthischen Form im Talmudaram. vor (vgl. *Telegdi*, JA 226/1935, S. 248, 96) in dem Kompositum נחשירכנא. ,,Jäger" und im Syrischen (vgl. außer *Telegdi* auch *Brockelmann*, Lex. Syr., S. 424 a; vgl. ferner *Lagarde*, Ges. Abh. S. 65: 168; ZDMG 46/1892, S. 141 und *Nöldeke*, Mand. Gr., S. 63). Die parthische Form konnte *Telegdi* noch nicht verzeichnen. Das Lehnwort ist deutlich parthisch mit dem im Mandäischen gewöhnlichen Wegfall des Laryngals *x* = *ḥ*. Es ist kulturgeschichtlich interessant zu notieren, daß die Parther, als leidenschaftliche Jäger bekannt, ihre Benennung des Jagens in den aramäischen Dialekten Mesopotamiens durchsetzten als einen *terminus technicus*. Das Wort נחשיר ist jetzt auch in den Toten-Meer-Texten aufgetaucht (vgl. oben S. 55).

pādaxšār, פאדאהשאר

mparth. *pāδaxšār*, *Tedesco*, MO XV/1921, S. 196 mit Anm. 1; mir. *pătixšahr*, *Nyberg*, Hilfsbuch II, S. 180; *Hübschmann*, Pers. Stud., S. 233 Anm. 1. Als iranisches Lehnwort erkannt bei *Nöldeke*, Mand. Gr., S. XXXI. Das mandäische Wort ist parthisch wegen *hr* < *ϑr* und mit darauffolgendem Übergang von *šahr* > *šār*, was im Parthischen nicht ungewöhnlich ist, vgl. *Henning*, ZII 9/1933–34, S. 228 ,,Verehrung". In der Kartēr-Inschrift Z. 9 lesen wir dieses Wort, geschrieben *ptxšly*. Dagegen liest in Draxt āsūrīk § 39 *Bailey*, BSOAS 13/1951, das [Pahlavi] geschriebene Wort als *pātxšīr* und übersetzt es als ,,document", ,,rescript". Vgl. auch *Herzfeld*, Paikuli, S. 107: 26; 192f.

pādibrā, פאדיברא

mparth. **pāδēβar* aus **pāda-bara*? Von *Nöldeke*, ZA XXXIII/1921, S. 80 als iranisches Lehnwort erkannt und als ,,Bote", eigt. ,,der die Spur einhält" erklärt. Dieses Wort kommt auch in einer palmyrenischen Inschrift in Dura vor; vgl. *Du Mesnil du Buisson*, Inventaire des inscriptions palmyréniennes de Doura-Europos, Paris 1939, S. 29f., wo er sagt: „פתיברת paraît être un mot iranien. Le verbe *pati-bar* signifie 'offrir' et aussi 'récompenser'. On pourrait penser aussi à un titre iranien, car le palais du gouverneur, dit la Redoute ou le *Strategion*, n'était pas loin." *Du Mesnil du Buisson* hat also das auch im Mandäischen vorkommende iranische Lehnwort nicht erkannt. Der letzte Buchstabe der Inschrift ist zum größten Teil weggefallen, und man ist darum geneigt, auch hier פתיברה zu lesen. *Du Mesnil du Buisson* denkt selbst an ה als eine alternative Lesung. Die von *Nöldeke* vorgeschlagene Etymologie kann man bezweifeln. Im Sogdischen besitzt man ein Wort für Bote, das *pδyy β'ryẖ* heißt und von *Henning* (BBB, S. 32 [54]) als „zu Fuß (oder) reitend" gedeutet ist. Was die Bildung des Wortes im Mandäischen (und wahrscheinlich auch im Palmyrenischen) anbelangt, so kann man auf *ganzibrā* < *ganža-bara* verweisen, wo die mandäische Bildung wohl doch eine Form *ganžēβar* voraussetzt, da das *i* sonst unerklärlich bleibt. Wenn man das sogdische Wort als Basis nimmt, würde das Lehnwort ursprünglich **padēbār* gelautet haben, wobei allerdings die Verkürzung eines langen Schlußvokals nicht ohne Schwierigkeiten bleibt. Jedenfalls ist das Wort parthisch wegen des *d* in intervokalischer Stellung (vgl. *Tedesco* a.a.O., S. 194, 6). Für **pāda-bara* ist **hama-bara* > *hamvar* zu vergleichen. Man könnte vielleicht *paδēβar* ansetzen und an *paδē*, „hinter", denken (vgl. *Nyberg*, a.a.O. II, s.v. *paδ* S. 167).

pālūdā, פאלודא

mir. *pārūδ*, *Henning*, ZII 9/1933–34, S. 209; *Hübschmann*, Pers. Stud., S. 36: 278. Das mandäische Wort findet sich z. B. *Drower*, Šarḥ ḏQabin, S. 6: 9 und ist als iranisches Lehnwort erkannt ib. S. 35 Anm. 11. Die Form dieses Lehnwortes im Arabischen, *fālūḏaq*, deutet auf das Vorhandensein eines mir. Wortes **pārūδak*. Für das arabische Wort vgl. *Brünnow-Fischer*, Arabische Chrestomathie, Glossar S. 95 b. Für parthischen Ursprung spricht das intervokalische *d*.

pandāmā, פאנדאמא

mir. *padām*, pāzand *panām*, *Horn*, Grundriß, No. 332; GrIrPh I 2, S. 60; armenisch *p'andam*, *Hübschmann*, Arm. Gr., S. 254: 655 Die Übereinstimmung der Form der mandäischen und armenischen Wörter deutet in beiden Fällen auf einen parthischen Ursprung; denn parthisch ist die Lautverbindung *nd* bewahrt, aber mp. wird daraus *nn* (vgl. oben über *handām*). Die Form *panām* ist aus *pannām* entstanden und ist also die sprachechte mp. Form. Als iranisches Lehnwort im Mandäischen schon längst erkannt, als parthisches Wort belegt: Draxt āsūrīk § 43.

parksā, פארכסא

sogdisch *prk'š*, *Benveniste*, TS, S. 211: 42; als Verbum pres. *prqyš-*, *Henning*, BBB, Glossar, S. 131 b. Das Subst. bedeutet „Einkerkerung" u. ä. Bei *Lidzbarski*, Das Johannesbuch II, S. 30 Anm. wird die Bedeutung „Kette" als wahrscheinlich vorgeschlagen und ein Zusammenhang mit akkad. *paršigu* von *Zimmern* erwogen, aber nicht für wahrscheinlich befunden. Eine Etymologie war m. W. bisher nicht vorgeschlagen. Wenn man die Zusammenstellung mit dem sogdischen Worte billigt, muß man annehmen, daß das Wort auch parthisch vorhanden war, wie ja oft Sogdisch und Parthisch übereinstimmen, daß aber das *š* (unter persischer Einwirkung ?) im Mandäischen zu *s* geworden ist.

parṣendā, פארצינדא

mir. *frazend*, MirM II—III; BBB, S. 114; *Lentz*, ZII 4/1926, S. 289: 77. Als iranisches Lehnwort erkannt von *Lidzbarski*, Ginzā, S. 189 Anm. 4. Die Schreibung mit *ṣ* = צ entspricht 𐫝 = *z*, 𐫜𐫡𐫝𐫏𐫗𐫅, sonst 𐫜𐫡𐫉𐫏𐫗𐫅 geschrieben. Dieses Wort wird von *Lentz* a.a.O. als parthisch aufgefaßt, wenn auch in beiden Dialekten belegt (vgl. oben s. v. *kabīṣā*).

paršegnā, פארשיגנא

mir. **paršayn*. Für das entsprechende Lehnwort im Hebräischen *patšægæn*, also **patšagn* hat *Benveniste*, JA 1934, S. 180ff. ein air. **patičagna* angenommen, was eigentlich „Wiedergabe" oder „Reproduktion" bedeuten soll. Sogdisch besitzen wir ein Wort *p'tcγnyy*, Antwort *Henning*, BBB, S. 130 b, vgl. auch *Gershevitch* II, Gr., § 674 d. Auf der anderen Seite gibt es ein iranisches Lehnwort im Armenischen, das *patčēn* lautet (*Hübschmann*, Arm. Gr., S. 224, 517), und mir. ist außer *pačēn* auch *hampačēn* belegt (*Bartholomae*, ZsasR, 3, S. 40). Die Verhältnisse sind also ziemlich verwickelt. Nun versucht *Telegdi* (JA 226/1935, S. 253) als Basis für dieses auch im Talmudaram. unter der Form *paršagnā* vorkommende Wort eine Entwicklung **fračayana* > *paršayna* anzunehmen. Eine solche Entwicklung bleibt aber schwer erklärlich, und als Basis ist mit *Benveniste* sicherlich **čagna* vorzuziehen. Dagegen kann man mit *pati* allein als Präwort für alle Formen nicht auskommen. In diesem Fall müssen wir in Betracht ziehen, daß wir in den mitteliranischen Dialekten einen Wechsel zwischen *pr* und *pt* resp. *pč* (< *patiš*) finden; vgl. parth. *prxwdn* gegen sogd. *ptxwt*, *pcxwd*. Weiter muß man bedenken, daß *š* als

Zeichen für einen *č* naheliegenden Laut entstehen kann (vgl. oben S. 28f.). Wir müssen also u. E. mit mehreren Wechselformen rechnen: *patšayn*, *patčayn* und *paršayn*, wovon *patšayn* im Hebr., *patčayn* im Armen. (*patčayn* > *patčēn* vgl. parth. *šarγ* > *šaγr* > *šēr*, Löwe) und *paršayn* im Syrischen, Talmudaram., Bibl.aram. und Mandäischen (unter der leichten Veränderung *paršeyn*, mit gewöhnlichem Übergang in mir. von *a* zu *e*) bewahrt sind. Für das mandäische Wort vgl. *Lidzbarski*, Mand. Lit., S. 248: 5; *Nöldeke*, Mand. Gr., S. 41. Eine Möglichkeit, alle vorhandenen Formen auf eine einzige Urform zu reduzieren, besteht vielleicht, wenn man in Betracht nimmt, daß es im Nordwesten des iranischen Sprachgebietes eine spezielle Sprachentwicklung von *δ* > *r* in post- und intervokalischer Stellung gibt; vgl. z. B. die Wechselformen von Ladab und Larab als Ortsnamen; vgl. auch *pardašn* ~ *patdašn*.

parwānāyē, פארואנאייא

Wegen der Zusammensetzung mit dem parthischen Vorwort *parvān* liegt dem mandäischen Wort offenbar ein parthischer *terminus technicus* zu Grunde. Das Wort bezeichnet die 5 Epagomenentage, die aus dem iranischen Kalender geholt sind. Es ist mehrfach belegt, z. B. *Lidzbarski*, Mand. Lit., S. 277, 2. Vgl. *Widengren*, JSSt, 2/1957, S. 418.

parwānqā, פארואנקא

mparth. *parvānaγ*, MirM II, S. 65 [356]; *Lagarde*, GA., S. 76f.; *Telegdi*, JA 226/1935, S. 251: 111. Als iranisches Lehnwort erkannt bei *Nöldeke*, Mand. Gr., S. XXXI, als parthisches Lehnwort bei *Widengren*, ZRGG 4/1952, S. 108. Das Wort ist sowohl im Talmudaram. wie auch im Syrischen belegt; vgl. *Telegdi* a.a.O., und *Brockelmann*, Lex. Syr., S. 594 a, wo übrigens die mir. Belege fehlen. Auch im Arabischen ein bekanntes Lehnwort; vgl. *Telegdi* a.a.O. und *Siddiqi*, Studien über die pers. Fremdwörter, S. 71. Wegen *parvān*, der parthischen Entsprechung des mp. *pēš*, ist das Wort *parvānak* parthisch und als parthischer feudaler Terminus in die Sprache der Sassaniden aufgenommen.

passūk, פאסוך

mparth. *pswx*, *Henning*, MirM III, S. 60 [905] b; mp. *passaxv*, *Nyberg*, Hilfsbuch II, S. 172 (wo das parthische Wort noch fehlen mußte). Für das mandäische Wort vgl. *Nöldeke*, Mand. Gr., S. 41, wo es als iranisches Lehnwort erkannt ist. Das parthische *passux* (das *Henning*, ZII 9/1933–34 S. 229 als mp. betrachtete) wurde ganz natürlich mandäisch *passūk* geschrieben. Die Form *passūg* ist also sekundär. Es ist interessant, daß ein so gewöhnliches Wort eine klare parthische Form aufzeigt.

patikrā, פאתיכרא

mir. *patkar*, *Horn*, Grundriß No. 361; armen. *patker*, *Hübschmann*, Armen. Gr., S. 224: 516; vgl. *Tedesco*, MO XV/1921, S. 195 *Telegdi*, JA 226/1935, S. 253: 120 gibt die talmudaram. Entsprechung ebenso wie die mandäische und die syrische; für die letztere vgl. auch *Brockelmann*, Lex. Syr., S. 617 b. In den manichäischen Texten finden wir *pahikar* < **paδikar* < **patikar*. Diese letztere Stufe, die ältere, wird in dem iranischen Lehnwort im Mandäischen reflektiert. Die aramäischen und armenischen Lehnwörter wiederspiegeln das ap. *patikara*, das auch im Parthischen übernommen ist. Das Wort ist also parthisch, und die sprachechte mp. Form lautet *paikar*, das in np. *paikar* erhalten ist. Aber da die parthische Form sich aus der ap. entwickelt hat, ist es unsicher, ob nicht das Lehnwort schon aus vorparthischer Zeit stammt, was aber *Nöldeke* (Mand. Gr., S. 27) nicht annimmt. Als arab. Lehnwort *fitkar*; vgl. *Fraenkel*, Aram. Fremdw., S. 273f.

pugdāmā, פוגדאמא

mparth. *paδgām*, *Lentz*, ZII 4/1926, S. 299, 136; vgl. *Tedesco* a.a.O., S. 195; armen. *patgam*, *Hübschmann*, Armen. Gr., S. 222: 512, was eine ältere Form ist. Das Lehnwort findet sich schon im Reichsaram. (vgl. *Gesenius-Buhl*, Lex. 921 b) und dann im Talmudaram. (vgl. *Telegdi*, JA 226/1935, S. 253: 119) und im Syrischen (vgl. außer *Telegdi* auch *Brockelmann*, Lex. Syr., S. 616 a). Die Entwicklung im Mandäischen hat man sich mit *Telegdi* folgendermaßen zu denken: *pugdāmā* < *pagdāmā* < *padgāmā* (> *paδgām*); denn Frahang XV 3 S. 121 bietet *paγtām*, also mit Metathese. Die syrische Form *peṯgāmā* hängt mit der hebräischen Form *piṯgām* (mit Übergang von *a* > *i*) zusammen. Sie ist schon in den Oden Salomos belegt. Die mandäische Lautentwicklung ist also sowohl von der hebräischen wie auch von den anderen aramäischen Formen unabhängig, und es ist gewiß kein Zufall, daß sie mit der in *Frahang* belegten Form grundsätzlich übereinstimmt, da ja *Ebeling* sehr beachtliche Gründe für einen babylonischen Ursprung des in *Frahang* enthaltenen aramäischen Materials angeführt hat. Darum wäre es verständlich, wenn die babylonischen Mandäer eine in Babylonien gewöhnliche Form des mir. Wortes aufgegriffen hätten. Auch *Ebeling*, Das aramäisch-mittelpersische Glossar, S. 35, hat die mandäische Schreibung verglichen. Als Lehnwort im Mandäischen bei *Nöldeke*, Mand. Gr., S. XXXII registriert.

qamān, קאמאן

mir. *kamān*, vgl. z. B. *Frahang*, S. 111 und *Hilfsb.* II, Gloss. s. v.; AZ

§§ 75–76. Im Mandäischen belegt z. B. schon bei *Lidzbarski*, Ein mandäisches Amulett, S. 14: 159, 16: 168 usw. Weil in dem parthischen Text AZ vorhanden, wahrscheinlich schon ein parthisches Wort.

qumrā, קומרא

mir. *kamar*, *Horn*, Grundriß No. 866; *Hübschmann*, Pers. Stud., S. 88; *Nöldeke*, Pers. Stud. II, S. 40; mparth. in Draxt āsūrīk § 34 belegt, dann anscheinend parthisches Lehnwort in mp., da schon in der Kartērinschr. von Naqsh i Rustam Z. 4 = AJSL 57/1940, S. 214 (=*Sprengling*, Third Century Iran, S. 46) zu finden. Als Lehnwort auch im Talmudaram. (vgl. *Telegdi*, JA 226/1935, S. 254: 123) und im Syrischen (vgl. *Brockelmann*, Lex. Syr., S. 673 b, wo nur npers. *kamar* aufgeführt wird). Als iranisches Lehnwort im Mandäischen bei *Nöldeke*, Mand. Gr., S. 18 erkannt; vgl. schon *Lagarde*, GA, S. 80: 206. Wegen der Verwendung in Draxt āsūrīk wahrscheinlich parthisch. Avestisch, aber noch nicht ap. belegt. Die Verdunkelung im Mandäischen ebenso wie im *pugdāmā* bleibt auffallend; vielleicht steht sie unter Einfluß des Labiallautes, so schon *Telegdi*.

rāz, ראז

mir. *rāz*, *Horn*, Grundriß No. 602; MirM II–III. Das Wort ist auch im Talmudaram. belegt (vgl. *Telegdi*, JA 226/1935, S. 254: 125), ebenso im Reichsaramäischen und im Syrischen (vgl. außer *Telegdi* auch *Brockelmann*, Lex. Syr., S. 722 b, wo die mir. Belege fehlen), also ein altes Lehnwort im Aramäischen. Von *Nöldeke* als iranisches Lehnwort im Mandäischen registriert in Mand. Gr., S. XXXI. Unsicher, ob schon in achämenidischer Zeit ein Lehnwort oder nicht. Als parthisches Wort belegt: *Lentz*, ZII 4/1926, S. 300: 143.

rwāz, רואז

avest. *urvāzā* (Y. 30: 1), AirWb. Kol. 1545, > Syr. Aram. *(a)rwāzā* vgl. *Tedesco*, ZII 2/1923, S. 53f., wo doch das mandäische Wort nicht erwähnt wird. Dieses, das einen mythischen Weinstock bezeichnet, ist aber dasselbe Wort wie die syr. u. aram. Worte, *Brockelmann*, Lex. Syr., S. 718a (gibt über den iranischen Ursprung keine Auskunft). Im Mandäischen bedeutet *rwāz*(so!) eher „Wonne, Seligkeit“ als „er prangte“ (= *rwaz*), so *Lidzbarski*, Ginzā und Mand. Lit., die Register.

siyāw, סיאו

mparth. *siyāv*, MirM III, S. 61 [906] b; armenisch *seav*, *Hübschmann*, Pers. Stud., S. 78. Von *Nöldeke*, Mand. Gr., S. XXXI als iranisches Lehnwort registriert. Vgl. auch ZDMG 33/1879, S. 147. Das entspr. mp. Wort ist *siyāk*, *Horn*, Grundriß No. 761, wozu *Hübschmann*, a.a.O., zu vergleichen ist.

srādqā, סראדקא
mparth. *srāδak*, *Horn*, Grundriß No. 727; *Hübschmann*, Pers. Stud., S. 74, 199; *Widengren*, Muḥammad, S. 189f.; armenisch *srahak*, *Hübschmann*, Armen. Gr., S. 241: 595. Von *Nöldeke* als iranisches Lehnwort registriert in Mand. Gr., XXXI. Das entspr. mp. Wort ist *srāy*. Armen. *srahak* ist eine jüngere Form, entstanden aus *srāδak*.

šādarwān, שאדארואן
mparth. **šādarvān*, neupers. *šādurvān*, *šādurbān*. Als mandäisches Wort belegt in Dīwān Abātūr, ed. *Drower*, S. 11 Z. 3 Übers., im Text zu finden unter dem Boot mit 4 Figuren, Z. 5 des betr. Textabschnittes. Auch syrisch vorhanden (vgl. *Brockelmann*, Lex. Syr., S. 759 a, wo das mandäische Wort noch nicht angeführt werden konnte). *Fraenkel*, ZA 17/1903, S. 90 hat den iranischen Ursprung des Wortes erkannt und die neupers. Form verglichen. Die Übersetzung Lady *Drowers* „Fountains" oder „Palaces" verstehe ich nicht. Das Wort *šādarvān* muß wohl hier wie sonst „Vorhang", „Sonnensegel" oder „Teppich" bedeuten. Wegen der Form *-arvān* des zweiten Kompositionsgliedes ist das Wort als parthisches Lehnwort zu betrachten, da *arvān* eben die mparth. Form ist; vgl. *Henning*, BBB, Gloss., S. 107 b und oft in der Šāhpuhrinschrift.

šahardār, שאהארדאל
mparth. *šahrdār*, *Tedesco*, MO XV/1921, S. 194, b). Kommt in *Lidzbarski*, Mand. Lit., S. 112 Anm. 2 vor, wurde aber erst in *Drower*, The Canonical Prayerbook, S. 62 Anm. 3 als parthisches Lw. erkannt. Die Schreibung in der parthischen Fassung der Inschriften ist שתרדארי, also eine historische Schreibung, die gegen die phonetische mandäische kontrastiert.

šāmuktā, שאמוכתא
mir. *šām*, *Horn*, Grundriß No 768 „Nachtessen", „Abend", + *uxt*, part. perf. in Schwachstufe von $\sqrt{vax\check{s}}$- (vgl. *Ghilain*, Essai, S. 59): als part. perf. belegt im Parthischen in der Šāpūr-Inschr., parthische Fassung Z. 5 = AJSL 57/1940, S. 365, vgl. auch S. 368, in dem Kompositum *'trwxt*, „feuergebrannt". Das iranische Lehnwort für „Kerze" im Mandäischen bedeutet also zunächst „das beim Nachtessen Angezündete"; für diesen Übergang vom Abstrakten zum Konkreten vgl. die entsprechende semasiologische Entwicklung in np. *bām-zād*, „a kettle-drum", eigt. „das am Morgen Geschlagene". Das mandäische Wort, welches als mir. Lehnwort bisher nicht erkannt war, findet sich z. B. *Lidzbarski*, Mandäische Liturgien, S. 245, XXI 3 und auch sonst ziemlich oft im folgenden. Offen-

bar parthisch wegen des Vorkommens des part. *wxt* in der parthischen Fassung der Šāpūr-Inschrift.

špinzā, שפינזא

mparth. *əspinž*, *MirM* III, S. 51 [896]a; vgl. *Widengren*, ZRGG 4/1952, S. 111. Auch im Talmudaram. belegt (vgl. *Telegdi*, JA 226/1935, S. 231: 26) und im Syrischen (vgl. *Brockelmann*, Lex.Syr., S. 53b, wo der parthische Ursprung der Form *ešpezzā'* < **ispinžā* selbstverständlich nicht erkannt ist, weshalb auch falsch vokalisiert wird). Als Eigenname, wohl Kurz- oder Kosename, in Daniel 1:3 (vgl. *Justi*, Namenbuch, S. 46). Das Wort ist parthisch. Das entspr. mp. Wort ist *aspanž*, oft belegt in Buchphl. Von *Nöldeke* als iranisches Lehnwort registriert: Mand.Gr., S. 51.

šrāgā, שראגא

mparth. *čirāγ*, *MirM* III, S. 53 [898]a; armenisch *črag*, *Hübschmann*, Arm. Gr., S. 190:384. Auch im Talmudaram. belegt (vgl. *Telegdi*, JA 226/1935, S. 255:129) und im Syrischen (vgl. *Brockelmann*, Lex.Syr., S. 806b). Das schon längst bekannte mandäische Wort ist bei *Jeffery*, Foreign Vocabulary, S. 166f., nicht registriert. Die Schreibung mit *š* für *č* wie oft in den parthischen Inschriften, vgl. oben S. 28f. Das Wort ist parthisch; denn die echte mp. Form heißt *čirāh* (vgl. *Salemann*, Glossar, S. 121).

tāgā, תאגא

mir. *tāǧ*, vgl. *Horn*, Grundriß, No. 367; *Brockelmann*, Lex, S. 815b („pers. ?"). Wegen des armenischen *t'ag*, *t'agawor*, König, wahrscheinlich parthisch; vgl. *Hübschmann*, Arm, Gr., S. 153:243.

tapsramka, *etapsramka*, עתאפסראמכא

mparth. *əsprahmaγ*, *MirM* III, S. 51 [896]; *Boyce*, The Manichaean Hymncycles, S. 184a; mir. *əsprahm*, *MirM* I–II (III, S. 50 [895]b *əsprhmč'r*); sogdisch *'sprγm'k* VJ 337ff. Das Wort kommt im Mandäischen in RG 106:23–24 = *Lidzbarski*, Ginzā, S. 116:21, 23 vor und ist auch im Talmudaram. bekannt unter der mehr natürlichen Form *aspramqā* (vgl. *Telegdi*, JA 226/1935, S. 231:23, wo die mandäische Form nicht registriert ist) und im Syrischen ebenso mit derselben Form (vgl. *Lagarde*, GA, S. 65; *Löw*, Aram. Pflanzennamen, S. 151f.: „Ocimum Basilicum"; *Brockelmann*, Lex.Syr., S. 37a, 760a, wo die mir. Belege fehlen). Das Lehnwort kann wegen der *-ak-* Ableitung parthisch sein, da das Mp. die Form ohne diese Abteilung vorzuziehen scheint; doch ist das natürlich unsicher. Auffallend bleibt immerhin, daß das Sogdische, das so oft mit dem Parthischen zusammengeht, dieselbe Form aufweist. Ganz eigentümlich erscheint der t-Vorschlag im Mandäischen. Ein Überlieferungsfehler?

Sollte שאספראמכא die ursprüngliche Form sein wie im Syrischen, also eigtl. *šā(h)spramkā* ?

ṭaštā, טאשתא

mir. *tašt*, *Horn*, Grundriß, No. 389; mparth. *tāst*, BBB, S. 115b; armenisch *tašt*, *taštak*, *Hübschmann*, Arm.Gr., S. 251:643; 252:644. Kommt auch im Talmudaram. vor in der Form mit *ak*-Ableitung, also *ṭašṭ^eqā* (vgl. *Telegdi*, JA 226/1935, S. 245:80, wo das mandäische Wort nicht registriert ist). Es wurde von *Lidzbarski*, Ginzā, S. 413 Anm. 6, als das Wort für „Schale" erkannt. Im Syrischen haben wir wiederum die Form *ṭašt^eqā*, (vgl. *Brockelmann*, Lex.Syr., S. 292b, wo eine Etymologie fehlt). Wir haben in Avesta das Wort als *tašta*-. Es könnte also wohl ein ostiranisches Wort im Westen und mithin parthisch sein, worauf die armenischen Wörter deuten; aber das tatsächlich parthische Wort *tāst* bereitet Schwierigkeiten. Vgl. aber oben s.v. *dašt* für die prinzipielle Stellungnahme.

ṭōhmā, טוהמא

mir. *tōhm*, *Horn*, Grundriß No. 378; mp. *tōm* *Nyberg*, Hilfsbuch II, S. 226f.; armenisch *tohm*, *Hübschmann*, Arm.Gr., S. 253:652. Das Wort *tōhm* ist von *Nyberg*, a.a.O., als parthisch bestimmt; denn die sprachechte mp. Form ist *tōm*<ap. *taumā*. Jedoch kommt in den mp. Texten auch *tōhm* als dialektales Lehnwort vor (vgl. MirM II, S. 69 [360]a; BBB, S. 115b). Das Lehnwort *ṭōhmā* kommt auch im Syrischen vor (vgl. *Brockelmann*, Lex.Syr., S. 268b (wo die mir. Belege fehlen)). Als iranisches Lehnwort von *Nöldeke*, Mand.Gr., S. 63 Anm. 2, registriert.

wardā, ואררא

mparth. *vard*, *Horn*, Grundriß No. 927; *Tedesco*, MO XV/1921, S. 205; armenisch *vard*, *Hübschmann*, Arm.Gr., S. 244:609. Dieses Lehnwort kommt auch im Talmudaram. vor (vgl. *Telegdi*, JA 226/1935, S. 241:63) und im Syrischen (vgl. *Brockelmann*, Lex.Syr., S. 186a, wo immer noch nach *Jensen*, KB 6:1, S. 516 akkad. *(a)murdinnu* auch verglichen wird, was ja falsch und deshalb auch unnötig ist). Der dialektale Unterschied zwischen *vard* und mp. *gul* ist bei *Brockelmann* verwischt. Als Lehnwort von *Nöldeke*, Mand.Gr., S. 56, registriert.

warzā, ואריזא

mparth. *varz*, *Horn*, Grundriß No. 197; als parthisch bestimmt bei *Lentz*, ZII 4/1926, S. 304:168 und bei *Nyberg*, Hilfsbuch II, S. 234. Als iranisches Lehnwort von *Nöldeke*, Mand.Gr., S. XXXII Anm. 1 registriert.

vāwar, באואר

mir. *vāβar*, vgl. *Hübschmann*, Arm. Gr., S. 100:32, *vaver*. Kommt vor z.B.

RG 277:28; 278:21. Als iranisches Lehnwort von *Nöldeke*, Mand. Gr. S. 305 registriert. Wegen der Scheibung mit ב (= neupers باور) vielleicht späte Form. Belegt in mparth. Texten, vgl. Mir. M III, S. 62 [907].

zaina, זאינא

mir. *zēn*, *Horn*, Grundriß No. 42; armenisch *zēn*, *Hübschmann*, Arm.Gr., S. 151:233; als parthisch angenommen von *Lentz*, ZII 4/1926, S. 312:205 „wahrscheinlich Nordf.", was sich dadurch bestätigt, daß man dieses Wort in parthischen Texten trifft (vgl. MirM III, S. 65 [910]b). Dieses Lehnwort kommt auch im Talmudaram. vor (vgl. *Telegdi*, JA 226/1935, S. 242:66) und häufig im Syrischen (vgl. *Brockelmann*, Lex.Syr., S. 195a). Es begegnet z.B. *Lidzbarski*, Johannesbuch I, S. 7:6 (von *Telegdi* a.a.O., registriert) in der Bedeutung „Waffe", aber S. 14:4 im Sinne von „Rüstung".

zan, זאן

mir. **zan*, *Hübschmann*, Arm.Gramm., S. 48:222, armen. Lehnwort *zan*. Dieses Lehnwort kommt schon im Reichsaram. vor (vgl. *Baumgartner*, Lex. S. 1072b) und im atl. Hebräisch (vgl. *Gesenius-Buhl*, Lex., S. 201b), ferner im Talmudaram. (vgl. *Telegdi*, JA 226/1935, S. 242:69) und häufig im Syrischen (vgl. *Brockelmann*, Lex.Syr., S. 200b). Als iranisches Lehnwort von *Lagarde* und *Perles* erkannt (vgl. *Nöldeke*, Mand.Gr., S. 97 Anm. 2). Das Wort stammt aus ap. *zana-* und ist also ein schon achämenidisches und ap. Lehnwort im Aramäischen. Es ist aber auch eine parthische Form wegen *z*; vgl. die Wörter bei *Lentz* a.a.O., S. 260ff., wo nach *Meillet*, Grammaire du Vieux Perse, 1. Aufl., S. 5.60 die ap. Wörter mit *z* vor Vokal als Entlehnungen aus dem nordiranischen Dialekt der Meder betrachtet werden. An solchen Wörtern treffen wir im folgenden etliche und betrachten sie als parthische Lehnwörter, auch wenn sie bisher nicht in parthischen Texten belegt sind. Mit dem *-ka*-Suffix ist *zan* tatsächlich im Parthischen belegt (vgl. *Boyce*, a.a.O., S. 199a: *zng*) wie im Soghdischen (vgl. *Gershevitch*, Gr., § 164; vgl. auch BBB, S. 140a).

zandīq, זאנדיק

mir. *zandīk*, *Schaeder*, IrBeitr I, S. 278 [80]ff. Wegen der Herkunft aus der Wurzel [2]*zan*, *AirWb* 1659 = parth. *zān*, *Ghilain*, Essai, S. 84 rein parthisch. Von *Lidzbarski*, Ginzā, S. 229 Anm. 6, als iranisches Lehnwort erkannt, d.h. es ist im Mandäischen eigt. nicht Lehnwort, sondern Ginzā gibt nur die mir. Bezeichnung wieder. Die Verbindung zwischen *zand* und den medischen Magiern wird ersichtlich aus *Wikander*, Feuerpriester, S. 141, 143, 182f. mit S. 178, 180f. verglichen. *Wikander* selbst spricht sich zwar etwas undeutlich aus; vgl. aber *Widengren*, Stand und Aufgaben, S. 74f.

zangā, זאנגא
np. *zang*, ossetisch *žangarak*; armenisch *zangak*, *Hübschmann*, Arm.Gr., S. 149:223; vgl. ferner *Lagarde*, GA, S. 41:103. Dieses Lehnwort kommt auch im Talmudaram. vor (vgl. *Telegdi*, JA 226/1935, S. 242:64) und im Syrischen (vgl. *Brockelmann*, Lex.Syr., S. 188a, 201a). Von *Nöldeke*, Mand.Gr., S. 141, als iranisches Lehnwort registriert.

zarnāf, זרנף
mir. **zarrnāβ*, aus *zarr*, *Lentz*, ZII 4/1926, S. 311:203 und *nāβ*, $\sqrt{nabh}$-; „Goldschmied" heißt mp. *zrygr*, vgl. *Henning*, BSOAS 11/1943–46, S. 60: 284, was eine synonyme Bezeichnung im mp. sein könnte, auch dieses Wort aber mit dem parth. *zarr* als erstem Kompositionsglied. *Lidzbarski*, Ginzā, S. 434 Anm. 1, hat dieses Wort *zarr* hier vermutet, aber keine Etymologie gewagt. Auffallend ist die defektive Schreibung des Wortes, was besonders dafür spricht, daß in diesem Fall nicht nur das Wort, sondern schon die Schreibung übernommen worden ist, die ja der mandäischen Orthographie zuwiderläuft.

Für die Art der Bildung vgl. npers. *zarrkōb* aus *zarr* + *kōb* < *kōftan*, $\sqrt{kōb}$-. Die Schreibung mit *p* in זרנף gibt *zarrnāβ* wieder, wie im Pahl. Psalter Iaʿqōß יאקופי geschrieben ist (vgl. *Telegdi*, a.a.O., S. 188).

zārgiyān, זארגיאן
mir. *zārgiyān*, aus *zār*, *Horn*, Grundriß No. 647; *Lentz*, ZII 4/1926, S. 311: 201, vgl. parthisch *zār* in MirM III, S. 64 [909]b, und parthisch *gyān*, MirM III, S. 55 [900]a; Draxt āsūrīk § 49 im Ausdruck *gyān u astak* (?). *Lidzbarski*, Ginzā, S. 435, Anm. 1 hat die Bedeutung „kinderlos" vermutet. Die konkrete Bedeutung „dessen Seele schwach ist" wäre dann eine religiöse Bezeichnung des Zustandes als kinderlos. Dabei bleibt allerdings für die Annahme parthischer Herkunft des Wortes belastend, daß ja *giyān* die sprachechte mp. Entwicklung aus air. *vyāna*- ist (vgl. *Tedesco*, MO XV/1921, S. 207f). Das Parthische hat offenbar diese mp. Form gebraucht (vgl. auch *Boyce*, a.a.O., S. 188a). Nun gibt es aber auch eine andere Lesart זארגאניא, was man als *zāragānē* deuten und als *agān*-Abteilung von *zār* annehmen könnte, weshalb das iranische Lehnwort nur „schwach", „elend" bedeuten möchte. Die andere Annahme scheint doch einen besseren Sinn zu geben; die zoroastrische Empfehlung des Kinderzeugens ist ja bekannt. Vgl. insbes. Bahm. Yt. II 12–13, wo Zarathustra einen reichen Mann sieht, dessen Seele im Jenseits leidend ist, und einen Mächtigen, der ohne Kinder ist, also eine Parallelisierung kinderlos: leidende Seele. Dann bleibt aber die parthische Herkunft des Wortes etwas verdächtig.

zban, zebnā, זיבנא ,זבאן
mparth. *žamān*, MirM III, S. 56 [901]b; armenisch *žamanak*, *Hübschmann*, Pers.Stud., S. 69; mp. *zamān*, *Nyberg*, Hilfsbuch II, S. 251f. (wo zwischen mparth. und mp. Wortformen nicht geschieden wird). Dieses Lehnwort ist weit entlehnt und kommt auch im Talmudaram. vor (vgl. *Telegdi*, JA 226/1935, S. 242:68), und im Syrischen (vgl. *Brockelmann*, Lex.Syr., S. 187b, wo noch die falsche Herleitung aus akkad. *simānu*). Von *Nöldeke*, Mand.Gr., S. 152 behandelt. Die syrische Form *zabna* läßt sich als ursprüngliches *zawnā* aus *zamnā* mit der in Mesopotamien seit der assyr.-babyl. Sprachperiode gewöhnlichen Aussprache von *m* als *w* (*Ungnad*, Grammatik, § 4b ,,wie bilabiales *w*''; vgl. auch *von Soden*, Akkad.Gr., § 21b. Die Bezeichnung mit *b* für bilabiales *w* im Syrischen hat schon assyrische Vorbilder (a.a.O., § 21d)) ohne Mühe verstehen. Da dieses Lehnwort schon im atl. Hebräischen und Aramäischen auftritt, dürfte es als Lehnwort aus dem Reichsaramäischen stammen. Noch *Köhler*, Lex. in Vet. Test., S. 259b, bietet dieselbe falsche Etymologie wie *Brockelmann* a.a.O., obgleich das richtige Verhältnis bei *Nyberg*, a.a.O., zu lesen ist. Ob im Mandäischen das Wort aus dem Reichsaramäischen oder direkt aus dem Parthischen aufgenommen worden ist, läßt sich schwer entscheiden. Auffallend ist, daß die atl. hebr. und aram. Wörter die Form mit *m* erhalten haben, also זמנא ,זמן. Die syrischen, ,,christl.paläst.'', samarit., palmyr. und mandäischen Formen stehen hier gegen die hebr., jüdisch-aram. und nabat. Formen (vgl. *Nöldeke*, NBsS, S.44, (der Anm. 3 zu Unrecht die iranische Herkunft bezweifelt). Im Syrischen sind die ältesten datierbaren Belege wohl im Brief des Mārā Bar Sarapion zu finden, wo das Wort häufig vorkommt.

zeherā, זיהירא
mir. *zahr*, *Horn*, Grundriß No. 678; *Hübschmann*, Pers.Stud., S. 71; mp. *zahr*, MirM I, S. 39 [211]a; mparth. *žahr*, MirM III, S. 56 [901]b; vgl. *Lentz*, ZII 4/1926, S. 309:192 ,,Scheint Nordform in swiran. Aussprache zu sein''. Dieses Lehnwort kommt außer im Mandäischen auch im Talmudaram. vor (vgl. *Telegdi*, JA 226/1935, S. 242:65) und im Syrischen (vgl. *Brockelmann*, Lex.Syr., S. 190b). Als iranisches Lehnwort erkannt bei *Nöldeke*, Mand.Gr., S. 139. Parthisch *žahr* wird im Aram. *zahrā*; aber hinter dieser Form kann ja auch mp. *zahr* stecken.

ziyānā, זאינא
mir. *ziyān*, *Horn*, Grundriß No. 679; armenisch *zean*, *Hübschmann*, Arm. Gr., S. 150:232; *Lentz*, ZII 4/1926, S. 312:209 erwägt, ob das Wort parthisch sei, ,,Nordform wegen *z*'' ? Dieses Lehnwort kommt auch im Talmud-

aram. vor (vgl. *Telegdi*, JA 226/1935, S. 242:66, wo das mandäische Wort nicht notiert ist, obgleich schon bei *Horn* a.a.O., registriert; vgl. auch *Lidzbarski*, Ginzā, S. 413 Anm. 4). Da das Wort in mp. Texten auftritt (vgl. z.B. MirM II, S. 54 [345]b), könnte es scheinen, als ob es mp. wäre. Dagegen spricht aber entschieden der Umstand, daß es auch in parthischen Texten vorkommt wie Aßyātkār i Zarērān § 10, und zwar in einem von *Benveniste* als metrisch, und demzufolge ursprünglich erkannten Stück (vgl. JA 1932, S. 255). Im Sogdischen finden wir auch dieses Stück *zy''n*, das also ostiranisch ist. Für den parthischen Ursprung des Wortes spricht also viel. Die mandäische Schreibung ist eigentümlich und schwer zu erklären.

zuwānak, *uzwānak*, ארואנאך

mir. *uzvān*, *zuvān*, *Horn*, Grundriß No. 650; mparth. *əzbān*, *Lentz*, ZII 4/1926, S. 308:189. Das Wort ist deutlich parthisch (als solches allerdings bei *Nyberg*, Hilfsbuch II, S. 231 nicht vermerkt), denn ap. heißt das entsprechende Wort *hazāna*, eigtl. **hizāna* (vgl. *Kent*, Old Persian, S. 214a). Das mandäische Wort stellt, was die Ableitungsendung anbelangt, eine Kombination der mir. und der sogdischen Formen dar, denn auf Sogdisch heißt die Form *'zß''k* oder *zß'k*, also mit *-k-* Suffix, *Gershevitch, Gr.*, § 979. Trotz *Lidzbarski*, Johannesbuch II, S. 245 zu S. 147 Anm. 3, kann das Wort im Kontext nichts anderes als die Zunge an der Waage bezeichnen; die von ihm erwogene, aber aus „sachlichen Momenten" verworfene Etymologie ist also wohl doch die einzig mögliche.

Eine Liste der Bezeichnungen für kultische Kleider oder kultische Geräte im Mandäischen, die deutlich aus dem Mitteliranischen, und zwar meistens aus dem Mittelparthischen, stammen, sieht wie folgt aus:

burzenqā	=	Hauptbinde
tāgā	=	Krone
pandāmā	=	Mundtuch
hemyānā	=	Gürtel
šalwār	=	Hosen
aštargān	=	Stab des Bräutigams
margnā	=	Olivenstab
gawāzā	=	Stock
drafšā	=	Kreuzsymbol (Fahne)

Kein einziges unter diesen neun Wörtern, könnte nicht aus der parthischen Sprache stammen. Wie läßt sich nun diese erstaunliche Häufung von iranischen Termini auf dem Gebiet der Kultsprache näher erklären? Für die Beantwortung ist es wohl am besten, auf solche Termini achtzugeben, die etwas von einem sondergeprägten Milieu zur Schau tragen. Daß das Wort *pandāmā* aus den Kreisen der das Mundtuch im Feuerdienst benutzenden Magier stammt, dürfte wohl ohne weiteres klar sein. Wichtig ist aber, daß in diesem Fall das Wort nicht mp., sondern mparth. ist, also aus den Kreisen der medischen Magier herrührt. Zu denselben medischen Kreisen führt ebenso der Terminus *margnā*, der ja als „schlangentötend", **māragna-*>*margan*, ein vollkommenes terminologisches Gegenstück zu dem typisch medischen Instrument *xrafstraγna-* Vd. 14:8 bietet. Das Wort *drafšā* ist – wie wir auch sonst in dieser Untersuchung zu betonen Gelegenheit haben – ein Terminus eines in orthodox-zoroastrischen Kreisen verpönten Kultsymbols und findet sich, wie *Wikander* wahrscheinlich machte, unter den parthischen Organisationen männerbündischen Charakters. Zuletzt bietet *gawāzā* auch ein Beispiel dafür, wie Termini, die in ihrem ursprünglichen Milieu eine spezifische Bedeutung besaßen, in ihrer neuen mandäischen Umgebung einen ganz anderen Inhalt bekommen haben. Dieses Wort bezeichnet, wie wir sahen, von Anfang an den Ochsenstachel und gehört also zum Hirtenleben, d.h. in ein Milieu, welches von dem mandäischen weit verschieden ist. Für ein solches Hirtenvolk waren auch die Hosen eine den Reitern zustehende Bekleidung, nicht aber für die in den Sumpfgegenden Südbabyloniens lebenden Mandäer. Wir wagen darum die Hypothese, daß alle diese Termini bestimmt zu lokalisieren sind, und zwar unter den medischen Magiern.

Beigabe II

Für die folgende Darstellung habe ich dankbar Mitteilungen und Gesichtspunkte der Herren *Henke* und *von der Osten* benutzen können.

Mit der Einführung der Steigbügel hat das Aufkommen der Technik der fest eingelegten, also mit dem Arm an den Körper festgeklemmten Lanze, durch die Wucht des natürlichen Moments der Vorwärtsbewegung wodurch das volle Gewicht des anstürmenden Reiters und seines Pferdes verstärkt wird, resp. er und sein Pferd die ganze Wucht des Anpralls durch Gewicht und Schnelligkeit des Vorwärtsstürmens auffangen, nichts zu tun (so auch *Henke* und *von der Osten*). Selbstverständlich verlangt eine solche Technik einen außerordentlich festen Sitz; aber für einen geschulten Reiter in gutem Training ist dazu der Steigbügel nicht absolut notwendig. Ein Schopf Mähne in der Zügelfaust gibt weiteren Halt; das ist ja auch ein alter Kniff – wenn auch heutzutage ein wenig verachtet. Im übrigen war ja der Gegner in gleicher Lage, und somit waren die Chancen also gleich zu gleich (*Henke*). Der Sattel ist in der Partherzeit aller Wahrscheinlichkeit nach noch nicht aus festerem Material angefertigt gewesen, sondern er sah vielleicht ungefähr so aus wie bei den ungarischen Szikos (ich verdanke General *Henke* ein gutes und sehr instruktives Photo), so daß die Einwirkung des Reiters durch Gesäß und Schenkel sich sehr aktiv auswirken konnte. In diesem Zusammenhang ist wichtig zu bemerken, daß die Panzerung der parthischen Reiter auf den Dura-Malereien nicht den Eindruck macht, als ob sie die freie Beweglichkeit der Ober- und Unterschenkel erschwere; im Gegenteil ist offenbar der hier abgebildete Schuppenpanzer so nachgiebig, daß die Bewegungen des Körpers durch den Panzer nicht beeinträchtigt werden. Wirklich schwer gepanzerte Reiter (*tannūrik, kathaphractus*) kommen in parthischer Zeit nur in geringer Anzahl vor – sie sind mit den adeligen Feudalherren zu identifizieren (so richtig *Rostovtzeff*, Dura and the Problem of Parthian Art, S. 163f.), während die Gefolgsleute die leichte, hauptsächlich bogenbewaffnete Reiterei ausmachten. In dem hier zu behandelnden Fall ist es wichtig zu vermerken, daß die Pferde der Reiter *nicht* von der schweren nisæischen Rasse sind. Die von dem Reiter getragenen Beinschienen (hauptsächlich von dem bei *von le Coq*, Bilderatlas, Fig. 51, 54, 101, 119 abgebildeten Typus; übrigens ist die Helmbrünne aus Ringmaschen offenbar von demselben Typus wie dem zentralasiatischen aus Tun Huang, Fig. 109) sind zu kurz, um die Beweglichkeit beschränken zu können.

Die Lanzen der schweren Reiterei sind verhältnismäßig kurz. Die achämenidischen Reiter fühlten sich dadurch im Kampf gegen die makedonische Reiterei im Nachteil, und man versuchte in den Entscheidungsschlachten gegen Alexander, diesem Nachteil durch Improvisationen abzuhelfen (*Tarn*, CAH VI, S. 362, 379). Andererseits aber waren diese kurzen Lanzen leichter zu handhaben (mit Recht von *Henke* hervorgehoben). Der Stoß wird offenbar dadurch versetzt, daß man „auflaufen" ließ; es wurde also nicht „angestoßen" (*Henke*). Das Bild stellt anscheinend den Griff „rechts vorwärts" dar in dem diesem Anprall vorangehenden Moment.

Das hier besprochene Bild aus Dura ist mit künstlerischer Freiheit (*von der Osten*) oder vielmehr vielleicht mit bestimmter Konvention dargestellt. Es darf als ausgeschlossen gelten, daß die Lanze in irgendeinem

Falle mit der linken Hand geführt wurde. Modernes Training kennt keine „Linksstecher" (*Henke*). Wenn die Lanze auf gewissen Darstellungen „oberhalb" des Pferdekopfes abgebildet wird, so haben wir – nach den allgemeinen Gesetzen für den Ersatz der Perspektive – eine Lanzenhaltung links des Pferdes zu sehen, somit eine den modernen Lanzenhaltungen „Links vorwärts" resp. „Links seitwärts" entsprechende Haltung.

Beigabe III

Ich lasse hier zunächst den Beitrag, den Prof. *von der Osten* freundlichst beigesteuert hat, folgen. Er verweist auf seine Publikation:
Explorations in Central Anatolia. Season of 1926. Oriental Institute Publications V (Chicago, 1929) 68–75.

Dann gibt er seine Schilderung und Deutung der Felsenanlage.

„Diese Felsenanlage, deren Entstehungszeit ich viel zu hoch angesetzt hatte (Seite 75), kann man nunmehr als Felsheiligtum des Mithraskultes erklären. Der Eingang besteht aus einer Art Vorhalle, einer natürlichen Grotte, die nur wenig Spuren einer Nachbearbeitung aufweist (12,50 m lang, 3 m breit und an der höchsten Stelle am Eingang ca. 5 m hoch). Der Hang unterhalb dieser „Vorhalle" ist mit einem „Strom" von Geröll – größere und kleinere Steinbrocken sowie Gesteinssplitter – bis zu einer ebenfalls teilweise aus dem Felsen geschlagenen Straße bedeckt. Diese Straße, welche wie eben erwähnt, nicht bis an das Heiligtum heranführt, sondern ein beträchtliches Stück unterhalb von ihr endet, ist in OIP V ausreichend beschrieben.

An der einen Seite der „Vorhalle" ist grob zugerichtet eine türartige Öffnung zu sehen, durch die man in eine ebenfalls nur roh ausgehauene Kammer gelangt, in welcher in ungefähr Mannshöhe zwei oder drei kleine, jetzt rauchgeschwärzte Nischen zur einstigen Aufnahme von kleinen Lampen angebracht sind. Die Wand dieser Kammer der „Vorhalle" zu, ist abgesehen von der Türöffnung auch von zwei kleinen, fensterartigen Öffnungen durchbrochen.

In der Längsachse der „Vorhalle", dem Eingang gegenüber, liegt eine niedrige, schmale Öffnung, durch die man nur gebückt in eine große, gewölbte Halle kommen kann (19 m lang, 13 m breit und in der Mitte ca. 6 m hoch). Auch diese Halle scheint zum größten Teil eine natürliche Bildung gewesen zu sein und ist nur an wenigen Stellen sehr grob nachgearbeitet worden.

Dem von der „Vorhalle“ hereinführenden Eingang gegenüber befindet sich die Öffnung zu einem, dem Inneren des Berges zuführenden Tunnel (0,75 m × 0,60 m). Dieser Tunnel ist ungefähr 16 m lang und endet in einem nach oben führenden Schacht. Der Mitte des Tunnels zu erweitert und verbreitert er sich etwas; von der ungefähren Mitte ab biegt er dann etwas seitlich ab und verengert sich wieder zu denselben Dimensionen, die er an seinem Beginn in der großen Halle hat. Die Höhen- und Breitenmasse des Tunnels, die nur eine kriechende Bewegung erlauben, sind die ursprünglichen und gehen nicht etwa auf eine Auffüllung durch Schutt u.ä. zurück; sein Boden ist der gewachsene Fels.

Der Tunnel endet in einen senkrecht nach oben führenden Schacht, der einen annähernd runden Querschnitt von knapp 1 m Durchmesser hat. Er ist 3 m hoch und führt in eine zweite Halle. An den Wänden des Schachtes befinden sich einige kerbenförmige Einarbeitungen, die ein Herauf- bzw. Herabklimmen in ihm ermöglichen.

Die Halle, zu welcher der Tunnel führt, hat eine ungefähr ovale Form (15,50 m lang, 11,80 m breit) und ihre flach gewölbte, an ihrer höchsten Stelle 2,50 m hohe Decke ist durch drei, aus dem gewachsenen Felsen geschlagene Pfeiler mit ungefähr quadratischem Querschnitt (durchschnittlich 1,80 m im Geviert) abgestützt. Ein vorgesehener vierter Pfeiler ist nicht mehr vollständig ausgehauen worden: an der einen Seite ist er noch mit der einen Wand der Halle verbunden. Diese stegartige Verbindung weist den Beginn des Herausschlagens des Pfeilers in der gleichen Stärke auf wie die drei anderen Pfeiler. Neben der Öffnung des Schachtes, der zu dieser Halle führt, ist im Boden von ihr eine Zisterne eingehauen und ihr diagonal gegenüber, aber in halber Höhe der Seitenwand und von dieser in den Raum vorspringend, eine zweite solche eingebaut. Zu dem oberen Rande dieser zweiten Zisterne leitet eine kleine, nicht sehr tiefe Rinne, in der noch heute ein schwaches Gerinnsel fließt, das aus einer kleinen, künstlichen Öffnung in der hinteren Wand der Halle heraussickert. Das Innere beider Zisternen ist mit einer zementartigen, rötlichen Masse verstrichen. Ihre Tiefe konnte nicht festgestellt werden, muß aber – wie durch das Hinunterwerfen von Steinen festgestellt wurde – eine beträchtliche sein. Beide Zisternen müssen aber in einer gewissen Höhe einen Abfluß haben, da lediglich am Grunde der durch das Gerinnsel gespeisten Zisterne sich etwas Wasser befindet, wie das Aufklatschen der herabgeworfenen Steine zeigte. Dieser Zisterne gegenüber befinden sich zwei in die Wand eingehauene Nischen mit je einem, ebenfalls aus dem gewachsenen Felsen ausgehauenen, altarähnlichen Gebilde. Auch in dieser Halle befinden sich mehrere, jetzt rauchgeschwärzte kleine Abarbeitungen an den Wänden, die zur Aufnahme von Lampen gedient haben. Im Gegensatz zur „Vorhalle" sowie der ersten Halle, ist diese „Pfeilerhalle" in ihrer Gesamtheit eine künstliche Anlage und sehr sorgfältig ausgehauen.

Zwischen den beiden Nischen mit den altarähnlichen Gebilden und der von dem Gerinnsel gespeisten Zisterne befindet sich eine nur grob ausgehauene Öffnung zu einem weiteren Gang oder Tunnel, der noch weiter in das Innere des Berges geführt zu haben scheint. Dieser Eingang ist jedoch mit allerhand Geröll und Erde verschüttet. Möglicherweise führte dieser Gang zu einem weiteren Raum, vielleicht zu einer Art „Quellstube", aus der das kleine Gerinnsel in die „Pfeilerhalle" abgeleitet worden war.

Die Anlage ist offensichtlich nie fertiggestellt worden. Scherben oder sonstige Kulturüberreste habe ich nicht in ihr gefunden.

Die beherrschende Lage der Keskin Sivrisi, der höchsten Erhebung eines massiven Gebirgsstockes, nahe deren Gipfel das Heiligtum liegt, kommt in der Beschreibung in OIP V vielleicht nicht genügend zum Ausdruck. Der pyramidenförmige Kegel ist nach Westen bis zur Paßhöhe westlich des Kizil Irmak, über die die alte Straße von Westen kommend in das vom Kizil Irmak umflossene Gebiet, kurz vor ihrem Abstieg in das Flußtal und ihrer Überquerung des Flusses bei Yahṣihan führt, zu sehen. Nach Osten zu ist er bis zum Abstieg dieser Straße in das Delice Su Tal zu erblicken; im Norden sieht man den Gipfel vom Kizil Irmak Tal ab und nach Süden ist er bis kurz vor dem Städtchen Keskin zu sehen (im Ganzen also ungefähr in einem Umkreis von 60 km)."

Aus einem Brief, den Dr. F. K. Dörner an mich geschrieben hat, führe ich die folgenden Tatsachen an.

„Es handelt sich vor allem um die Frage, ob die Anlage eines großen, monumentalen unterirdischen Felsganges, auf den wir im Hierothesion des Mithradates Kallinikos von Kommagene in Arsameia am Nymphaios gestoßen sind, in den Bereich der Mithrasreligion gehört oder nicht.

Folgende Tatsachen liegen meiner Frage zu Grunde:
Im Jahre 1951 entdeckte ich am Fuße des Nemrud Dagh in Kommagene ein Hierothesion, das von Mithradates Kallinikos von Kommagene angelegt und durch seinen Sohn Antiochos I., den Erbauer der Grabanlage

auf dem Nemrud Dagh, ausgestaltet wurde. Ausgangspunkt unserer Ausgrabungsarbeiten war der ἱερὸς Νόμος des Hierothesion von Arsameia am Nymphaios (zu unterscheiden von dem Arsameia am Euphrat, heute Gerger), der auf einer riesigen, künstlich geglätteten Felswand eingehauen ist, angeordnet in 5 Kolumnen. Nach Beginn der Grabungen stießen wir bei der Freilegung dieser Felswand unter der Kolumne III in der Mitte der Felswand auf einen in den Felsen eingehauenen Rundbogen; hier setzte, wie wir bald erkannten, ein in das Felsmassiv eingehauener, unterirdischer Gang an. In den Felsen eingehauene Treppenstufen führten in einem Neigungswinkel von zunächst etwa 35^0, später bis etwa 45^0 in die Tiefe des Burgberges.

Durch verschiedene Brüche im Gestein war der Gang an vielen Stellen eingestürzt, so daß die Freilegungsarbeiten sehr schwierig waren. Etwa 100 m vom Eingang entfernt (und ca 60 m unter der Erdoberfläche!) war dann der Felsgang völlig zugeschüttet, da hier eine, wie wir später sahen, ca 20 m breite Lehmschicht begann. Auch durch diese führt der Gang in dem gleichen steilen Neigungswinkel in die Tiefe; er war, nach den Holzresten zu schließen, die wir wieder aufgefunden haben, in der Antike durch Holzrahmen abgestützt, eine Technik, die wir auch wieder angewandt haben.

158 m vom Eingang entfernt, ca. 100 m unter der Erdoberfläche, endete dann der Felsgang, indem sich die Decke des Ganges in einem sanften Bogen mit dem Boden vereinigte. Vorher waren an der linken Seite in etwa 5 m Abstand 2 runde, schachtähnliche Ausarbeitungen in die linke Felswand eingehauen. Funde irgendwelcher Art haben wir in dem Tunnel selbst nicht gemacht, so daß wir daher versuchen müssen, die große Bedeutung, die dieser technischen Meisterleistung zu Grunde gelegen haben muß, durch andere Quellen zu erschließen.

Die erste, zunächst liegende Annahme, daß der Gang zu einer unterirdischen Grabanlage führe, wurde von mir bald fallen gelassen, nachdem wir diese Grabanlage an einer anderen Stelle auf der Westseite des Burgberges lokalisieren konnten. Auch eine Erklärung als „Wassergang", um die Burg von einer Wasserversorgung von Außen her unabhängig zu zu machen, kam nicht in Frage, weil der Gang der wasserführenden Lehmschicht geradezu ausweicht. Es hat in der Antike ganz gewaltiger Anstrengungen bedurft, um den Gang in so einer enormen Tiefe anzulegen, weil bereits infolge des großen Neigungswinkels in einer Tiefe von ca 70 m der Sauerstoffmangel sich sehr stark bemerkbar macht. Unsere

Arbeiter konnten nur noch mit einer künstlichen Luftzufuhr arbeiten, und es drängte sich uns immer wieder die Frage auf, wie man nur in der Antike alle diese technischen Schwierigkeiten gelöst hat? Es muß andererseits auch ein besonderes Ziel gewesen sein, daß die Könige von Kommagene zu einer derartig großen Leistung veranlaßte.

Durch alle diese Überlegungen wird man geradezu zu dem Schluß gezwungen, daß die Anlage nur religiösen Zwecken gedient haben kann. Sollten wir nicht auch diese Anlage – und das ist meine Frage an Sie – in Verbindung zu dem Mithraskult zu setzen haben, der in der synkretistischen Religionsschöpfung der Dynastie von Kommagene einen ganz besonderen Platz einnimmt?

Oder bietet der große Felsgang von Arsameia am Nymphaios vielleicht eine Parallele zu der von Ihnen in Ihrem Vortrag in Münster erwähnten Höhle von Elbiruni? Ob vielleicht auch die Könige von Kommagene diesen Gang anlegten, um hinunter in die Tiefe der Erde zu steigen und als „renatus" des Gottes Mithras wieder zu erscheinen? In diesem Zusammenhang mag eine Beobachtung von uns nicht unerwähnt bleiben. Infolge des knappen Sauerstoffgehaltes der Luft in der Tiefe des Tunnels, die in ruhiger Haltung zum Atmen noch gerade genügt, ergreift den Körper eine gewisse Glücksstimmung, ja geradezu eine „Körperlosigkeit", die wir zunächst ganz unabhängig von der Besonderheit des Ganges machten, und die ich erst später als bedeutungsvoll anzusehen geneigt war." Die hier mitgeteilten Tatsachen sind nunmehr veröffentlicht in: Arsameia am Nymphaios. Die Ausgrabungen im Hierothesion des Mithradates Kallinikos von 1953–1956.

Beigabe IV

Bernhard Bischoff, Wendepunkte in der Geschichte der lateinischen Exegese im Frühmittelalter. Sacris Erudiri VI, 1954, S. 189–281.

Zitat aus dem Matthäus-Kommentar des Sedulius Scottus:

S. 203 Ita nanque refert evangelium, quod secundum Ebreos[1] praetitulatur[2]: 'Intuitus Ioseph oculis vidit turbam viatorum comitantium venientium ad speluncam et dixit: Surgam et procedam foras inobviam[3] eis. Cum autem processisset, dixit ad Simonem[4] Ioseph: Sic mihi Videntur isti, qui veniunt, augures esse. Ecce enim omni momento[5] respiciunt in caelum et inter se disputant[6]. Sed et peregrini videntur esse, quoniam et habitus eorum differt ab[7] habitu nostro. Nam vestis eorum amplissima est, et color fuscus est eorum densius, et pilea[8] habent in capitibus suis et molles mihi videntur vestes eorum, et in pedibus eorum sunt saraballae[9]. Et ecce steterunt et intendunt in me, et ecce iterum coeperunt[10] huc

S. 204 venientes ambu/lare.' Quibus verbis liquide ostenditur non tres tantum[11] viros, sed turbam viatorum venisse ad Dominum, quamvis iuxta quosdam eiusdem turbae praecipui[12] magistri certis nominibus Melchus, Casper, Phadizarda nuncupentur.

Berlin, Phill. 1660, fol. 17^{v}, saec. IX (B); Wien 740, fol. 15^{r} u. V, saec. IX^{2} (V).

1 Hebreos V. 2 pretitulatur V. 3. in-eras B. 4 symonem V. 5 omnino/ momento V. 6 inter sedis putant V. 7 ad V. 8 pilea] pila V B (corr. manus recentior in *pilleos* B). 9 corr. in *saraballa* B 10 ceperunt V. 11 *tantum* om.B. 12 precipui V. Bis *saraballae* ohne Angabe der Quelle frei ins Irische übertragen im Lebor Brecc, p. 137 (Wh. Stokes, Rev. celt. 8, 1887, 360f.).

Die obige Mitteilung verdanke ich der Liebenswürdigkeit des Herrn Prof. *Ph. Vielhauer*, Bonn.

Summary

The first chapter of the present investigation gives a short survey of political conditions in the ancient Near East during the period when the Pathians entered into contact with the Semitic inhabitants of Mesopotamia and Syria. Emphasis is laid on such local conditions where a culture contact comes to the fore, e. g. those prevalent in Edessa.

The second chapter treats of roads and trade routes as the means of communication in Mesopotamia of paramount importance to economic activity.

The third chapter tries to give some samples of Parthian influence in art and architecture, concentrating both on stylistic distinctive features and ethnographic details revealing a Parthian origin. Such places as Commagene, Edessa, Dura and Hatra are in the focus and special weight is attached to existant representations of horse-archers.

The fourth chapter investigates linguistic conditions, it being shown that Parthian loanwords are found in Aramaic dialects to a greater extent than the hitherto, very incomplete lexical collections and researches have revealed. No exhaustive treatment is intended, the examples being chosen chiefly to illustrate the Parthian influence also in this regard. An appendix, however, provides a fairly complete survey of Parthian loanwords in Mandaic, the South-Babylonian Aramaic dialect.

The fifth chapter proceeds from language to literature and endeavours to detect the influence exercised by Parthian literary traditions on various categories of Semitic, above all Jewish literature. Parthian influence is ultimately discovered even in some N. T. passages, a part of the Jewish heritage. Among non-Jewish and non-Christian texts the Syriac "Hymn of the Soul" deserves special attention as a specimen of Gnostic poetry of Parthian inspiration, possessing an exclusively Parthian background.

The sixth chapter tries to demonstrate that there emerged from the culture contact an endeavour to create a new historical view of the past, a view fusing into one blend both Iranian and Semitic traditions. Edessa and Babylonia are supposed to have been two centres of such enterprises. As a representative of a more serious art of writing history with the aid of Parthian temple records Bardaisan is singled out.

The seventh chapter investigates the religious conditions as revealed in some syncretistic formations e.g. the Mithra mysteries in their Iranian and Mesopotamian stages of preparation. Some illustrations of Parthian influence are found in the symbolical language of Gnostic Semitic literature. It is further shown that this symbolical language in some cases necessarily presupposes a feudal surrounding.

The eighth and last chapter discusses the place and circumstances of the birth of the Iranian saviour. It is shown that there once existed an Iranian theologoumenon according to which the birth of the saviour was announced by the appearance of a remarkable star for which the Magians were waiting year by year. The Syriac chronicle of Zuqnin is analyzed as to its Iranian-Gnostic elements, showing important coincidences with both Mandaean and Manichaean religion. The ancient site of Šīz in Adhurbaijān is assumed to have been the actual place of the mythical drama of the saviour's miraculous birth. It is further demonstrated that there once was found both a textual and an iconographic tradition according to which the newborn saviour was presented by the Magians with the gift of crowns, a trait completely at variance with the Christian Gospel relation.

In the conclusions two outstanding representatives of Iranian-Semitic culture contact in Parthian times, Bardaisan of Edessa and Mani of Babylonia, are mentioned. It is emphasized that the picture of Parthian culture emerging from the present investigation only is relevant to western conditions and of a necessity has to be supplemented by a corresponding monograph of eastern Parthian civilization, especially in its relation to India.

Résumé

Le premier chapitre de la présente étude passe brièvement en revue les conditions politiques dans l'Ancien Proche Orient pendant la période où les Parthes entrèrent en contact avec les habitants sémitiques de la Mésopotamie et de la Syrie. L'accent est mis sur celles des conditions locales où se manifeste un contact culturel, ce sont celles-là, par exemple, qui prévalent à Édesse.

Le second chapitre traite des routes et des voies commerciales qui constituent les moyens de communication les plus importants pour l'activité économique.

Le troisième chapitre tente de donner quelques exemples de l'influence parthique sur l'art et l'architecture, en traitant particulièrement aussi bien les marques distinctives de style que les détails ethnographiques d'origine parthe. Des localités telles que Commagène, Édesse, Doura et Hatra forment le noyau de ce chapitre et une importance spéciale est attribuée à toutes les formes de sculpture représentant des archers à cheval.

Dans le quatrième chapitre sont étudiées des questions linguistiques et il y est démontré que des mots d'origine parthe se trouvent dans des dialectes araméens dans une mesure plus large que les collections et recherches lexiques, très incomplètes jusqu'à nos jours, l'avaient fait apparaître. L'auteur ne se propose pas de traiter à fond la matière et se borne, par les exemples choisis, à démontrer surtout l'influence exercée par les Parthes aussi à cet égard. Cependant, un appendice offre une liste assez complète des emprunts parthes qui se trouvent en mandéen, le dialecte araméen sud-babylonien.

Dans le cinquième chapitre l'auteur passe du langage à la littérature et s'éfforce de découvrir l'influence exercée par la tradition littéraire parthe dans les différents domaines de la littérature sémitique et notamment juive. Finalement une influence parthique est mise à jour même dans quelques passages du Nouveau Testament qui forment ainsi une part de l'héritage juif. Parmi les textes non-juifs et non-chrétiens »le chant syriaque de l'âme« mérite une attention particulière comme exemple frappant de la poésie gnostique d'inspiration parthe, son arrière-plan étant exclusivement parthe.

Dans le sixième chapitre il est fait la tentative de démontrer que du contact culturel se sont produits des éfforts pour créer une nouvelle vue historique du passé, une vue fusionnant ensemble la tradition iranienne et sémitique. Édesse et Babylone semblent avoir été deux centres de telles entreprises. Dans cet ordre d'idées,

Bardésane est avancé comme un représentant d'un art un peu plus sérieux d'écrire l'histoire à l'aide des archives des temples parthes.

Dans le septième chapitre sont examinées les conditions réligieuses telles qu'elles sont révélées dans certaines formations syncrétistes, par exemple les mystères de Mithra dans leurs phases d'évolution iranienne et mésopotamienne. Quelques illustrations de l'influence parthique sont trouvées dans le langage symbolique de la littérature sémitique gnostique. De plus il est montré que ce langage symbolique est conditionné forcémment dans quelques cas par un milieu féodal.

Dans le huitième et dernier chapitre l'auteur traite du lieu et des circonstances de la naissance du Sauveur iranien. Il est montré qu'autrefois existait un théologoumène iranien suivant lequel la naissance du Sauveur était annoncée par l'apparition d'une étoile remarquable attendue d'année en année par les Mages. La chronique syriaque de Zouqnine est analysée relativement à ses éléments gnostiques iraniens tout en montrant des coincidences importantes avec les réligions mandéenne et manichéenne. Le site antique de Šīz en Azerbaïdjān est supposé avoir été le lieu véritable du drame mythique de la miraculeuse naissance du Sauveur. En outre, il est démontré qu'il existait autrefois une tradition aussi bien écrite qu'iconographique suivant laquelle le Sauveur nouveau-né reçut des Mages en cadeau des couronnes, un trait montrant une concordance parfaite avec la narration du Nouveau Testament.

Les conclusions font état de deux représentants profilés du contact culturel iranosémitique de l'époque parthe, à savoir, Bardésane d'Édesse et Manès de Babylone. Il est souligné que le tableau fait de la culture parthe, tel qu' il se dégage de la présente étude, est uniquement d'importance pour les régions occidentales et doit être nécessairement complété par une monographie correspondante de la civilisation parthe dans les régions orientales, notamment en ce qui concerne ses relations avec l'Inde.

Abkürzungen

AANDL	Annali dell'Academia Nazionale dei Lincei
AcOr	Acta Orientalia
AirWb	Altiranisches Wörterbuch von *Chr. Bartholomae*
AJSL	American Journal of Semitic Languages and Literatures
AM	Acta Martyrum et Sanctorum ed. *P. Bedjan*
AMI	Archaeologische Mitteilungen aus Iran, hrsg. *E. Herzfeld*
ANET	Ancient Near Eastern Texts relating to the Old Testament
AO	Der alte Orient
APAW	Abhandlungen der preußischen Akademie der Wissenschaften
AS	Antiquités syriennes par *H. Seyrig*
AZ	Abyātkār i Zarērān
BASOR	Bulletin of the American Schools of Oriental Research
BBB	Ein manichäisches Bet- und Beichtbuch
BSO(A)S	Bulletin of the School of Oriental and African Studies
CAH	The Cambridge Ancient History
CIS	Corpus Inscriptionum Semiticarum
CSCO	Corpus scriptorum christianorum orientalium
DI	Der Islam
GA(Ges. Abh.)	Gesammelte Abhandlungen von *Paul de Lagarde*
GrIrPh	Grundriß der iranischen Philologie
HUCA	Hebrew Union College Annual
ILN	Illustrated London News
IrBeitr.	Iranische Beiträge I von *H. H. Schaeder*
JA	Journal Asiatique
JRAS	Journal of the Royal Asiatic Society
JRS	Journal of Roman Studies
JSSt	Journal of Semitic Studies
KB	Keilinschriftliche Bibliothek
KZ	(Kuhns) Zeitschrift für vergleichende Sprachforschung
KZ	Inschrift bei Kaʿba i Zardušt
KÅ	Kyrkohistorisk Årsskrift
MDOG	Mitteilungen der deutschen Orientgesellschaft
Mir	mitteliranisch
MirM	Mitteliranische Manichaica aus Ost-Turkestan

MO	Le monde oriental
Mp(ers.)	mittelpersisch
NGGW	Nachrichten der Gesellschaft der Wissenschaften, Göttingen
OC	Oriens Christianus
OLZ	Orientalistische Literaturzeitung
PG	Patrologia graeca ed. *Migne*
PT	Pahlavi Texts in: The Sacred Books of the East, ed. *M. Müller*
RAA	Revue des arts asiatiques
RB	Revue biblique
RE	Realencyklopädie der klassischen Altertumswissenschaft
REA	Revue des études arméniennes
RG	Rechte Ginzā
RHR	Revue de l'histoire des religions
RoB	Religion och Bibel. Nathan Söderblomsällskapets årsbok
SAS	Studien zum antiken Synkretismus von *R. Reitzenstein & H. H. Schaeder*
SCE	Sutra des causes et des effets, éd. *P. Pelliot*
SEÅ	Svensk exegetisk årsbok
SPAW	Sitzungsberichte der preußischen Akademie der Wissenschaften
ThR	Theologische Rundschau
UUÅ	Uppsala Universitets årsskrift
V.J.	Vessantara Jātaka, éd. *E. Benveniste*
VT	Vetus Testamentum
WZKM	Wiener Zeitschrift für die Kunde des Morgenlandes
ZA	Zeitschrift für Assyriologie
ZAW	Zeitschrift für die alttestamentliche Wissenschaft
ZDMG	Zeitschrift der deutschen morgenländischen Gesellschaft
ZII	Zeitschrift für Indologie und Iranistik
ZKG	Zeitschrift für Kirchengeschichte
ZKMM	Zur Kenntnis der mitteliranischen Mundarten von *Chr. Bartholomae*
ZNW	Zeitschrift für die neutestamentliche Wissenschaft
ZRGG	Zeitschrift für Religions- und Geistesgeschichte
ZsasR	Zum sasanidischen Recht von *Chr. Bartholomae*
ZThK	Zeitschrift für Theologie und Kirche

Ausgewählte Bibliographie

Andrae, W., Hatra, I–II. Leipzig 1908–12

Andreas Henning, Mitteliranische Manichaica aus Chinesisch-Turkestan von F. C. Andreas. Aus dem Nachlaß herausgegeben von W. Henning, I–III. Berlin 1932–34

Bailey, H. W., Zoroastrian Problems in the ninth-century Books. Oxford 1943

Bartholomae. Chr., Altiranisches Wörterbuch. Straßburg 1904

Bartholomae, Chr., Zum sasanidischen Recht, I–V. Heidelberg 1918, 1920, 1922–23

Bartholomae, Chr., Zur Kenntnis der mitteliranischen Mundarten, I–VI. Heidelberg 1916–17, 1920, 1922–23, 1925

Bauer, W., Das Johannes-Evangelium, 2. Aufl. Tübingen 1925

Baumgartner-Köhler, Lexicon in Veteris Testamenti Libros. Leiden 1953

Bedjan, P., Acta Martyrum et Sanctorum, I–IV. Paris-Leipzig 1890–97

Bedjan, P., Histoire de Mar Jabalaha, de trois patriarches, d'un prêtre et de deux laiques Nestoriens. Paris 1895

Benveniste, E., The Persian Religion according to the Chief Greek Texts. Paris 1929

Benveniste, E., Les mages dans l'ancien Iran. Paris 1938

Benveniste, E., Textes Sogdiens. Paris 1940

Benveniste, E., Vessantara Jātaka. Paris 1946

Benveniste-Meillet, Grammaire du Vieux-Perse. 2. éd. Paris 1931

Bezold, C., Die Schatzhöhle. Aus dem syrischen Texte übersetzt. Leipzig 1883

Bezold, C., Die Schatzhöhle. Nach dem syrischen Texte herausgegeben. Leipzig 1888

Bidez & Cumont, Les mages hellénisés, I–II. Paris 1938

Bousset, W., Hauptprobleme der Gnosis. Göttingen 1907

Bousset-Gressmann, Die Religion des Judentums im späthellenistischen Zeitalter. 3. Aufl. Tübingen 1926

Boyce, M., The Manichaean Hymn-Cycles in Parthian. Oxford 1954

Brockelmann, C., Lexicon Syriacum. Editio secunda. Halle 1928

Brünnow-Fischer, Arabische Chrestomathie aus Prosaschriftstellern. 4. Aufl. Berlin 1928

van Buren, E. D., Clay Figurines of Babylonia and Assyria. New Haven 1930

Cantineau, J., Grammaire du palmyrénien épigraphique. Kairo 1955

Chabot, J., Chronique de Michel le Syrien. Ed. et trad. I–III. Paris 1899–1924

Charlesworth, M. P., Trade Routes and Commerce of the Roman Empire. 2. ed Cambridge 1926

Christensen, A., Les gestes des rois dans les traditions de l'Iran antique. Kopenhagen 1928

Cullmann, O., Le problème littéraire et historique du roman Pseudo-Clémentin. Paris 1930

Cumont, F., Die Mysterien des Mithra. Deutsche Ausgabe von G. Gehrich. 3. Aufl. von K. Latte. Leipzig-Berlin 1923

Cumont, F., Fouilles de Doura-Europos (1922–1923), I–II. Paris 1926

Debevoise, N. C., A Political History of Parthia. Chicago 1938

Dibelius, M., An die Kolosser, Epheser, an Philemon. 2. Aufl. Tübingen 1927

Doresse, J., Les livres secrets des gnostiques d'Égypte. Paris 1958

Drower, E. S., Diwan Abatur. Rom 1950

Drower, E. S., Šarḥ ḏ Qabin ḏ Šišlam Rba. Rom 1950

Drower, E. S., The Canonical Prayerbook of the Mandaeans. Leiden 1959

Duchesne-Guillemin, J., Ormazd et Ahriman. Paris 1953

Dulaurier, E., Histoire universelle par Etienne Acoghig de Daron. Trad. par E. Dulaurier. Paris 1883

Dumézil, G., Légendes sur les Nartes. Paris 1930

Dupont-Sommer, A., La doctrine gnostique de la letter "Waw" d'après une lamelle araméenne inédite. Paris 1946

Dupont-Sommer, A., Les araméens. Paris 1949

Dupont-Sommer, A., Aperçus préliminaires sur les manuscrits de la Mer Morte. Paris 1950

Dupont-Sommer, A., Observations sur le Manuel de Discipline découvert près de la Mer Morte. Paris 1951

Dupont-Sommer, A., Nouveaux aperçus sur les manuscrits de la Mer Morte. Paris 1953

Dura-Europos, The Excavations at Dura-Europos. Preliminary Report. Yale 1928–52

Duval, R., Histoire politique, religieuse et littéraire d'Édesse. Paris 1892

Ebeling, E., Die babylonische Fabel und ihre Bedeutung für die Literaturgeschichte. Leipzig 1927

Ebeling, E., Das aramäisch-mittelpersische Glossar Frahang-i-Pahlavik im Lichte der assyriologischen Forschung. Leipzig 1941

Ebeling, E., Glossar zu den neubabylonischen Briefen. München 1953

De Faye, E., Gnostiques et gnosticisme. Étude critique des documents du gnosticisme chrétien aux IIe et IIIe siècles. Paris 1925

Fraenkel, S., Die aramäischen Fremdwörter im Arabischen. Leiden 1886

Gershevitch, I., A Grammar of Manichean Sogdian. Oxford 1954

Gesenius-Buhl, Hebräisches und Aramäisches Handwörterbuch über das Alte Testament, 17. Aufl. Leipzig 1921

Ghilain, A., Essai sur la langue parthe. Louvain 1939

Götze, A., Die Schatzhöhle. Heidelberg 1922

Götze, A., Hettiter, Churriter und Assyrer. Hauptlinien der vorderasiatischen Kulturentwicklung im II. Jahrtausend v. Chr. Geb. Oslo 1936

Goossens, G., Hierapolis de Syrie. Louvain 1943

Gressmann, H., Studien zu Eusebs Theophanie. Leipzig 1903

Grousset, R., Histoire de l'Arménie des origines à 1071. Paris 1947

Gunkel, H., Genesis. 3. Aufl. Göttingen 1910

Gunkel, H., Das Märchen im Alten Testament. Tübingen 1917

Gutschmidt, von, A., Untersuchungen über die Geschichte des Königsreichs Osrhoene. St. Petersburg 1887

Hartman, S., Gayōmart. Uppsala 1953

Henning, W. B., Ein manichäisches Bet- und Beichtbuch. Berlin 1937

Henning, W. B., Sogdica. London 1940

Hermann, A., Die alten Seidenstraßen zwischen China und Syrien, I. Berlin 1910

Herzfeld, E., Am Tor von Asien. Felsdenkmäler aus Irans Heldenzeit. Berlin 1920

Herzfeld, E., Paikuli, I–II. Berlin 1924

Herzfeld, E., Archaeologische Mitteilungen aus Iran, IV. Berlin 1931–32

Herzfeld, E., Altpersische Inschriften. Berlin 1938 (AMI. Ergb. 1.)

Hilgenfeld, A., Bardesanes, der letzte Gnostiker. Leipzig 1864

Hill, G. F., Catalogue of Coins from Arabia, Mesopotamia and Persia. Catalogue of the Greek Coins in the British Museum. London 1922

Holmquist, Hj., Festschrift: „Från skilda tider". Lund 1938

Honigmann-Maricq, Recherches sur les RES GESTAE DIVI SAPORIS. Brüssel 1953

Horn, P., Grundriß der neupersischen Etymologie. Straßburg 1893

Hübschmann, H., Persische Studien. Straßburg 1895

Hübschmann, H., Armenische Grammatik, I, Leipzig 1895–97

Ingholt, H., Parthian Sculptures from Hatra. Orient and Hellas in Art and Religion. New Haven 1954

Jeffery, A., The Foreign Vocabulary of the Qur'ān. Baroda 1938

Johnson, J., Dura Studies. New Haven 1932

Junker, H., Über iranische Quellen der hellenistischen Aion-Vorstellungen, in: Vorträge der Bibliothek Warburg. Vorträge 1921–22

Justi, F., Iranisches Namenbuch. Marburg 1895

Kent, R. G., Old Persian Grammar, Texts, Lexicon. New Haven 1950

Kessler, K., Mani. Forschungen über die manichäische Religion, I. Voruntersuchungen und Quellen. Berlin 1889

Kraeling, C. H., The Excavations at Dura-Europos. Final Report VIII. P. 1. The Synagogue. New Haven 1956

Kroll, J., Gott und Hölle. Der Mythos vom Descensus-Kampfe. Leipzig-Berlin 1932

Krüger, F., Orient und Hellas in den Denkmälern und Inschriften Antiochos I von Kommagene. Greifswald 1937

Lagarde, de, P., Gesammelte Abhandlungen. Leipzig 1866

Lefebure des Noëttes, Comte, L'attelage. Le cheval de selle à travers les âges. Paris 1931

Lidzbarski, M., Ephemeris für semitische Epigraphik, I–III. Gießen 1902–15

Lidzbarski, M., Ein mandäisches Amulett, in: Florilegium ou recueil de travaux d'érudition dédiés à M. le Marquis Melchior de Vogué. Paris 1909
Lidzbarski, M., Das Johannesbuch der Mandäer, I–II. Gießen 1905–15
Lidzbarski, M., Mandäische Liturgien. Berlin 1920
Lidzbarski, M., Ginzā. Der Schatz oder das große Buch der Mandäer. Göttingen 1925
Lods, A., Histoire de la littérature hébraique et juive. Paris 1950
Löw, I., Aramäische Pflanzennamen. Leipzig 1881
Lommel, H., Die Yäšts des Awesta. Göttingen 1927
Markwart, J., Südarmenien und die Tigrisquellen nach griechischen und arabischen Geographen. Wien 1930
Markwart, J., A Catalogue of the Provincial Capitals of Ērānshahr. Rom 1931
Markwart, J., Wēhrōt und Ārang. Leiden 1938
Meillet, A., Grammaire du Vieux Perse. Paris 1915
du Mesnil du Buisson, Comte, Les peintures de la synagogue de Doura-Europos, 245–256 après J.-C., Rom 1939
Miller, K., Itineraria Romana. Römische Reisewege an der Hand der Tabula Peutingeriana dargestellt. Stuttgart 1916
Miller, W., Die Sprache der Osseten. Straßburg 1903
Moulton, J. H., Early Zoroastrianism. London 1913
Nöldeke, Th., Mandäische Grammatik. Halle 1875
Nöldeke, Th., Geschichte der Perser und Araber zur Zeit der Sasaniden. Leiden 1879
Nöldeke, Th., Persische Studien, I–II. Wien 1888–92
Nöldeke, Th., Kurzgefaßte syrische Grammatik. 2. Aufl. Leipzig 1898
Nöldeke, Th., Neue Beiträge zur semitischen Sprachwissenschaft. Straßburg 1910
Nyberg, H. S., Hilfsbuch des Pehlevi, I–II. Uppsala 1928–31
Nyberg, S. H., Die Religionen des alten Iran. Leipzig 1938
Osten, von der, H. H., Explorations in Central Anatolia. Season of 1926. Chicago 1929
Osten, von der, H. H., Die Welt der Perser. Stuttgart 1956
Pelliot-Benveniste, Sutra des causes et des effets, I–III. Paris 1920–28
Phillips, G., The Doctrine of Addai, the Apostle. London 1876
Pognon, H., Inscriptions mandaïtes des coupes de Khouabir. Paris 1898–99
Puech, H. Ch., Le manichéisme. Son fondateur – sa doctrine. Paris 1949
Reinach, Th., Mithridate Eupator, Roi de Pont. Paris 1890
Reitzenstein, R., Poimandres. Studien zur griechisch-ägyptischen und frühchristlichen Literatur. Leipzig 1904
Reitzenstein, R., Die hellenistischen Mysterienreligionen, 3. Aufl. Leipzig-Berlin 1927
Reitzenstein, R., Die Vorgeschichte der christlichen Taufe. Leipzig-Berlin 1929
Reitzenstein-Schaeder, Studien zum antiken Synkretismus aus Iran und Griechenland. Leipzig-Berlin 1926
Ringbom, L.-I., Graltempel und Paradies. Beziehungen zwischen Iran und Europa im Mittelalter. Stockholm 1951
Monneret de Villard, U., Le leggendi orientali sui magi evangelici. Rom 1952

Rosenthal, F., Die aramaistische Forschung seit Theodor Nöldeke's Veröffentlichungen. Leiden 1939

Rostovtzeff, M., Caravan Cities. Oxford 1932

Rowley, H. H., The Zadokite Fragments and the Dead Sea Scrolls. Oxford 1952

Sachau, E., Alberuni's India. Ed. E. Sachau. London 1887

Sachau, E., Alberuni's India. Transl. E. Sachau. London 1888

Sachau, E., Syrische Rechtsbücher, III. Berlin 1914

Säve-Söderbergh, T., Studies in the Coptic Manichaean Psalm-Book. Uppsala 1949

Saint-Martin, M. J., Recherches sur l'histoire et la géographie de la Mésène et de la Characène. Paris 1938

Salemann, G., Manichaeische Studien. I. St. Petersburg 1908. II. Glossar, S. 39–145

Salonen, A., Die Wasserfahrzeuge in Babylonien. Helsinki 1939

Salonen, A., Nautica Babyloniaca. Helsinki 1942

Sarre, F., Die Kunst des alten Persien. Berlin 1923

Schaeder, H. H., Urform und Fortbildung des manichäischen Systems, in: Vorträge der Bibliothek Warburg. Vorträge 1924–25

Schaeder, H. H., Iranische Beiträge, I. Halle 1930

Schlumberger, D., La Palmyrène du Nord-Quest. Villages et lieux de culte de l'époque impériale. Paris 1951

Schmidt-Polotsky, Ein Mani-Fund in Ägypten. Berlin 1933

Seyrig, H., Antiquités syriennes, I-III. Paris 1934, 1938, 1946

Siddiqi, A., Studien über die Persischen Fremdwörter im klassischen Arabisch. Göttingen 1919

Soden, von, W., Grundriß der akkadischen Grammatik. Rom 1952

Sprengling, M., Third Century Iran. Sapor and Kartir. Chicago 1953

Starcky, J., Palmyre. Paris 1952

Sundberg, W., Kushṭa. Lund 1953

Täubler, E., Die Parthernachrichten bei Josephus. Berlin 1904

Tedesco, P., Dialektologie der westiranischen Turfantexte, in: Le monde oriental XV/1921, S. 184–258

Ungnad, A., Babylonisch-Assyrische Grammatik. 2. Aufl. München 1926

Ungnad, A., Neubabylonische Rechts- und Verwaltungsurkunden, Beiheft zu Band I: Glossar. Leipzig 1937

Upham-Pope, A., A Survey of Persian Art from Prehistoric Times to the Present

Upham-Pope, A., Editor. I, IV. Oxford 1938

Waitz, H., Die Pseudoklementinen. Homilien und Rekognitionen. Leipzig 1904

Waldschmidt-Lentz, Die Stellung Jesu im Manichäismus. Berlin 1926

Widengren, G., Religionens värld, 2. Aufl. Stockholm 1953 (deutsche Auflage erscheint bei Töpelmann)

Widengren, G., Hochgottglaube im alten Iran. Uppsala-Leipzig 1938

Widengren, G., The Great Vohu Manah and the Apostle of God. Studies in Iranian and Manichaean Religion. Uppsala-Leipzig 1945

Widengren, G., Mesopotamian Elements in Manichaeism. Uppsala-Leipzig 1946

Widengren, G., Muḥammad, the Apostle of God, and his Ascension. Uppsala-Wiesbaden 1955

Widengren, G., Stand und Aufgaben der iranischen Religionsgeschichte. Leiden 1955 (auch in NUMEN I-II/1954-55.)

Widengren, G., Some Remarks on Riding Costume and Articles of Dress among Iranian Peoples in Antiquity. Reprint from Arctica. Studia Ethnographica Upsaliensia, XI. Uppsala 1956

Widengren, G., Quelques rapports entre Juifs et Iraniens à lépoque des Parthes, in: VT, Supplement IV. Leiden 1957, S. 157-241

Widengren, G., Recherches sur le féodalisme iranien, in: Orientalia Suecana V/1956, S. 79-182

Widengren, G., La légende royale, in: Hommages à Georges Dumézil. Collection Latomus XLV.

Widengren, G., Die Mandäer (Handbuch der Orientalistik, VIII). Im Druck

Widengren, G., Feudalismus im alten Iran (erscheint 1961)

Widengren, G., La royauté de l'Iran antique (wird später publiziert)

Wikander, S., Der arische Männerbund. Lund 1938

Wikander, S., Vayu, I. Lund 1942

Wikander, S., Feuerpriester in Kleinasien und Iran. Lund 1946

Wikander, S., Etudes sur les mystères de Mithras, I, in: Vetenskaps-societetens i Lund årsbok 1950

Windisch, H., Die Orakel des Hystaspes. Amsterdam 1929

Windischmann, Fr., Zoroastrische Studien. Berlin 1863

Wiseman, D. J., Chronicles of Chaldaean Kings. London 1956

Verzeichnis der Abbildungen

1

2

3

4

5

6

7

9

8

10

11a

12

11b

13

14

15

16

17

18

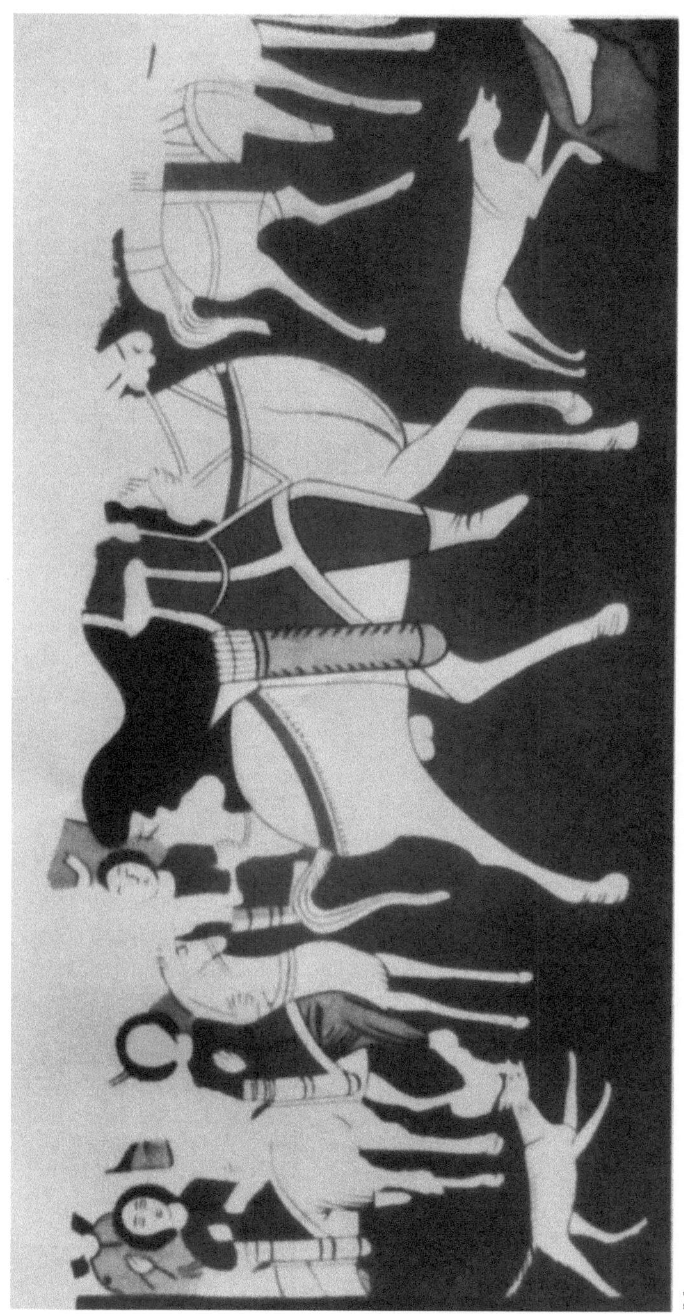

19

20

21

22

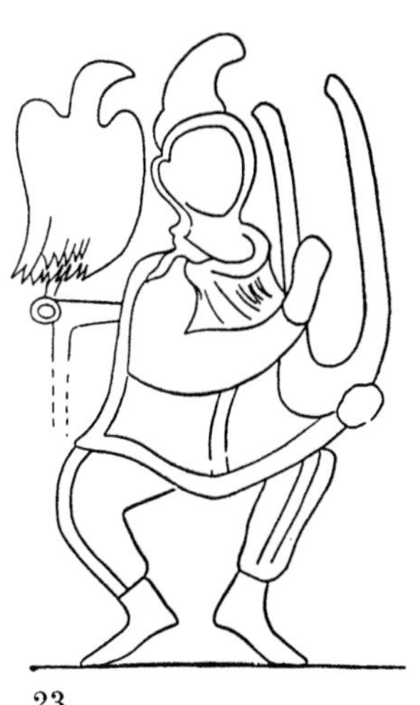

23

24

25

26

27

28

30

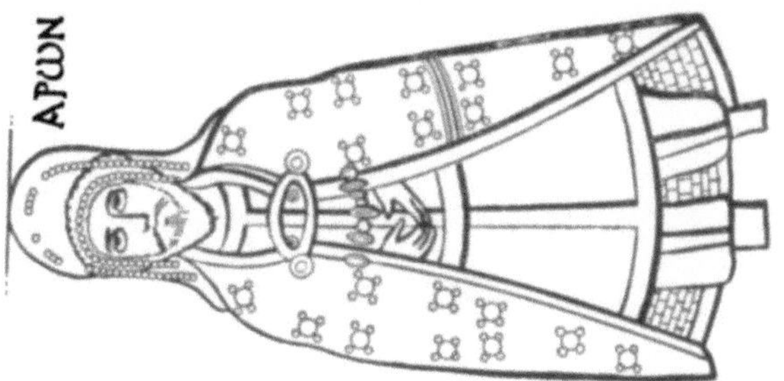

29

31

32

33

34

35a

35b

Verfasserregister

Kursivdruck markiert die Erwähnung der betr. Arbeit.

REGISTER

der Berichtigungen oder Supplierungen gewisser Artikel in *Brockelmann*, Lexicon Syriacum., Ed. sec.

Stichwortverzeichnis

Mittelpersisch

Babylonisch-talmudisch

Mandäisch

HEBRÄISCH

ARABISCH

KOPTISCH

Nachwort

Für die liebenswürdige Einladung in der Arbeitsgemeinschaft über meine Forschungen auf dem Gebiete der iranisch-semitischen Kulturbeziehungen zu sprechen danke ich aufrichtig. Ebenso danke ich den Herren Caskel, Klauser, Kroll, Rengstorf und Schreiber, die mir in der Diskussion nach dem Vortrage eine Fülle von Anregungen und Gesichtspunkten boten. Es war ursprünglich meine Absicht ein Referat der Diskussion mit meiner Stellungnahme zu den verschiedenen Problemen zu geben, aber das erwies sich leider als untunlich, da ein Eingehen auf alle zur Diskussion gestellten Fragen zu weit führen würde. Einiges hoffe ich später nachholen zu können.

Großen Dank schulde ich vor allem meinem Freunde Prof. K. H. Rengstorf, dem ich eigentlich die Veröffentlichung dieser Untersuchungen verdanke, denn ohne ihn wären sie sicherlich unpubliziert geblieben. Er hat auch mein Manuskript in sprachlicher Hinsicht verbessert. Wenn es ihm nicht gelungen ist mein Deutsch überall einwandfrei zu machen, bitte ich den deutschen Leser bei solchen Stellen mehr auf Inhalt als auf Form zu achten.

Die Herren General Henke (†), Prof. von der Osten, Prof. Vielhauer und Dr. Dörner waren so freundlich verschiedene Beiträge zu liefern, die ich als Beigaben II—IV verwertet habe. Für ihre wertvolle Hilfe und liebenswürdiges Interesse spreche ich ihnen meinen herzlichen Dank aus, der ganz besonders meinem Freunde Prof. H. H. von der Osten gilt.

Frau H. von der Osten möchte ich dafür danken, daß sie mein damaliges Manuskript so schnell und gewissenhaft in Maschinenschrift übertrug.

Der Verfasser und der Verleger danken dem Kilpper Verlag, Stuttgart, und der Schriftleitung der Zeitschrift „Archaeology“ für Hilfe mit dem Reproduzieren gewisser Abbildungen. In diesem Zusammenhang geht mein Dank auch an Dr. Segal, dem Entdecker der schönen Mosaiken aus Edessa.

Ich schließe mit einem herzlichen Dank an Staatssekretär Prof. Brandt und Oberregierungsrat Schräder für die Gastfreiheit, die mir in Düsseldorf zuteil gekommen ist.

Uppsala, den 24. April 1960

Geo Widengren

Inhalt

VERÖFFENTLICHUNGEN DER ARBEITSGEMEINSCHAFT FÜR FORSCHUNG DES LANDES NORDRHEIN-WESTFALEN

NATURWISSENSCHAFTEN

Friedrich Seewald, Aachen	Neue Entwicklungen auf dem Gebiet der Antriebsmaschinen
Friedrich A. F. Schmidt, Aachen	Technischer Stand und Zukunftsaussichten der Verbrennungsmaschinen, insbesondere der Gasturbinen
Rudolf Friedrich, Mülheim (Ruhr)	Möglichkeiten und Voraussetzungen der industriellen Verwertung der Gasturbine
Wolfgang Riezler, Bonn	Probleme der Kernphysik
Fritz Micheel, Münster	Isotope als Forschungsmittel in der Chemie und Biochemie
Emil Lehnartz, Münster	Der Chemismus der Muskelmaschine
Gunther Lehmann, Dortmund	Physiologische Forschung als Voraussetzung der Bestgestaltung der menschlichen Arbeit
Heinrich Kraut, Dortmund	Ernährung und Leistungsfähigkeit
Franz Wever, Düsseldorf	Aufgaben der Eisenforschung
Hermann Schenck, Aachen	Entwicklungslinien des deutschen Eisenhüttenwesens
Max Haas, Aachen	Die wirtschaftliche und technische Bedeutung der Leichtmetalle und ihre Entwicklungsmöglichkeiten
Walter Kikuth, Düsseldorf	Virusforschung
Rolf Danneel, Bonn	Fortschritte der Krebsforschung
Werner Schulemann, Bonn	Wirtschaftliche und organisatorische Gesichtspunkte für die Verbesserung unserer Hochschulforschung
Walter Weizel, Bonn	Die gegenwärtige Situation der Grundlagenforschung in der Physik
Siegfried Strugger, Münster	Das Duplikantenproblem in der Biologie
Fritz Gummert, Essen	Überlegungen zu den Faktoren Raum und Zeit im biologischen Geschehen und Möglichkeiten einer Nutzanwendung
August Götte, Aachen	Steinkohle als Rohstoff und Energiequelle
Karl Ziegler, Mülheim (Ruhr)	Über Arbeiten des Max-Planck-Institutes für Kohlenforschung
Wilhelm Fucks, Aachen	Die Naturwissenschaft, die Technik und der Mensch
Walther Hoffmann, Münster	Wirtschaftliche und soziologische Probleme des technischen Fortschritts
Franz Bollenrath, Aachen	Zur Entwicklung warmfester Werkstoffe
Heinrich Kaiser, Dortmund	Stand spektralanalytischer Prüfverfahren und Folgerung für deutsche Verhältnisse
Hans Braun, Bonn	Möglichkeiten und Grenzen der Resistenzzüchtung
Carl Heinrich Dencker, Bonn	Der Weg der Landwirtschaft von der Energieautarkie zur Fremdenergie
Herwart Opitz, Aachen	Entwicklungslinien der Fertigungstechnik in der Metallbearbeitung
Karl Krekeler, Aachen	Stand und Aussichten der schweißtechnischen Fertigungsverfahren
Hermann Rathert, Wuppertal-Elberfeld	Entwicklung auf dem Gebiet der Chemiefaser-Herstellung
Wilhelm Weltzien, Krefeld	Rohstoff und Veredelung in der Textilwirtschaft
Karl Herz, Frankfurt a. M.	Die technischen Entwicklungstendenzen im elektrischen Nachrichtenwesen
Leo Brandt, Düsseldorf	Navigation und Luftsicherung
Burckhardt Helferich, Bonn	Stand der Enzymchemie und ihre Bedeutung
Hugo Wilhelm Knipping, Köln	Ausschnitt aus der klinischen Carcinomforschung am Beispiel des Lungenkrebses
Abraham Esau †, Aachen	Ortung mit elektrischen und Ultraschallwellen in Technik und Natur
Eugen Flegler, Aachen	Die ferromagnetischen Werkstoffe der Elektrotechnik und ihre neueste Entwicklung
Rudolf Seyffert, Köln	Die Problematik der Distribution
Theodor Beste, Köln	Der Leistungslohn
Friedrich Seewald, Aachen	Die Flugtechnik und ihre Bedeutung für den allgemeinen technischen Fortschritt

Edouard Houdremont †, Essen	Art und Organisation der Forschung in einem Industriekonzern
Werner Schulemann, Bonn	Theorie und Praxis pharmakologischer Forschung
Wilhelm Groth, Bonn	Technische Verfahren zur Isotopentrennung
Kurt Traenckner †, Essen	Entwicklungstendenzen der Gaserzeugung
M. Zvegintzov, London	Wissenschaftliche Forschung und die Auswertung ihrer Ergebnisse Ziel und Tätigkeit der National Research Development Corporation
Alexander King, London	Wissenschaft und internationale Beziehungen
Robert Schwarz, Aachen	Wesen und Bedeutung der Siliciumchemie
Kurt Alder †, Köln	Fortschritte in der Synthese der Kohlenstoffverbindungen
Otto Hahn, Göttingen	Die Bedeutung der Grundlagenforschung für die Wirtschaft
Siegfried Strugger, Münster	Die Erforschung des Wasser- und Nährsalztransportes im Pflanzenkörper mit Hilfe der fluoreszenzmikroskopischen Kinematographie
Johannes von Allesch, Göttingen	Die Bedeutung der Psychologie im öffentlichen Leben
Otto Graf, Dortmund	Triebfedern menschlicher Leistung
Bruno Kuske, Köln	Zur Problematik der wirtschaftswissenschaftlichen Raumforschung
Stephan Prager, Düsseldorf	Städtebau und Landesplanung
Rolf Danneel, Bonn	Über die Wirkungsweise der Erbfaktoren
Kurt Herzog, Krefeld	Der Bewegungsbedarf der menschlichen Gliedmaßengelenke bei der Arbeit
Otto Haxel, Heidelberg	Energiegewinnung aus Kernprozessen
Max Wolf, Düsseldorf	Gegenwartsprobleme der energiewirtschaftlichen Forschung
Friedrich Becker, Bonn	Ultrakurzwellenstrahlung aus dem Weltraum
Hans Straßl, Bonn	Bemerkenswerte Doppelsterne und das Problem der Sternentwicklung
Heinrich Behnke, Münster	Der Strukturwandel der Mathematik in der ersten Hälfte des 20. Jahrhunderts
Emanuel Sperner, Hamburg	Eine mathematische Analyse der Luftdruckverteilungen in großen Gebieten
Oskar Niemczyk, Aachen	Die Problematik gebirgsmechanischer Vorgänge im Steinkohlenbergbau
Wilhelm Ahrens, Krefeld	Die Bedeutung geologischer Forschung für die Wirtschaft, besonders in Nordrhein-Westfalen
Bernhard Rensch, Münster	Das Problem der Residuen bei Lernvorgängen
Hermann Fink, Köln	Über Leberschäden bei der Bestimmung des biologischen Wertes verschiedener Eiweiße von Mikroorganismen
Friedrich Seewald, Aachen	Forschungen auf dem Gebiete der Aerodynamik
Karl Leist, Aachen	Einige Forschungsarbeiten aus der Gasturbinentechnik
Fritz Mietzsch †, Wuppertal	Chemie und wirtschaftliche Bedeutung der Sulfonamide
Gerhard Domagk, Wuppertal	Die experimentellen Grundlagen der bakteriellen Infektionen
Hans Braun, Bonn	Die Verschleppung von Pflanzenkrankheiten und Schädlingen über die Welt
Wilhelm Rudorf, Voldagsen	Der Beitrag von Genetik und Züchtung zur Bekämpfung von Viruskrankheiten der Nutzpflanzen
Volker Aschoff, Aachen	Probleme der elektroakustischen Einkanalübertragung
Herbert Döring, Aachen	Die Erzeugung und Verstärkung von Mikrowellen
Rudolf Schenck, Aachen	Bedingungen und Gang der Kohlenhydratsynthese im Licht
Emil Lehnartz, Münster	Die Endstufen des Stoffabbaues im Organismus
Wilhelm Fucks, Aachen	Mathematische Analyse von Sprachelementen, Sprachstil und Sprachen
Hermann Schenck, Aachen	Gegenwartsprobleme der Eisenindustrie in Deutschland
Eugen Piwowarsky †, Aachen	Gelöste und ungelöste Probleme im Gießereiwesen
Wolfgang Riezler, Bonn	Teilchenbeschleuniger
Gerhard Schubert, Hamburg	Anwendung neuer Strahlenquellen in der Krebstherapie
Franz Lotze, Münster	Probleme der Gebirgsbildung
Colin Cherry, London	Kybernetik. Die Beziehung zwischen Mensch und Maschine
Erich Pietsch, Clausthal-Zellerfeld	Dokumentation und mechanisches Gedächtnis — zur Frage der Ökonomie der geistigen Arbeit
Heinz Haase, Hamburg	Infrarot und seine technischen Anwendungen
Abraham Esau †, Aachen	Der Ultraschall und seine technischen Anwendungen
Fritz Lange, Bochum-Hordel	Die wirtschaftliche und soziale Bedeutung der Silikose im Bergbau
Walter Kikuth und Werner Schliepköter, Düsseldorf	Die Entstehung der Silikose und ihre Verhütungsmaßnahmen
Eberhard Gross, Bonn	Berufskrebs und Krebsforschung
Hugo Wilhelm Knipping, Köln	Die Situation der Krebsforschung vom Standpunkt der Klinik

Gustav-Victor Lachmann, London	An einer neuen Entwicklungsschwelle im Flugzeugbau
A. Gerber, Zürich-Oerlikon	Stand der Entwicklung der Raketen- und Lenktechnik
Theodor Kraus, Köln	Über Lokalisationsphänomene und Ordnungen im Raume
Fritz Gummert, Essen	Vom Ernährungsversuchsfeld der Kohlenstoffbiologischen Forschungsstation Essen
Gerhard Domagk, Wuppertal	Fortschritte auf dem Gebiet der experimentellen Krebsforschung
Giovanni Lampariello, Rom	Das Leben und das Werk von Heinrich Hertz
Walter Weizel, Bonn	Das Problem der Kausalität in der Physik
José Ma Albareda, Madrid	Die Entwicklung der Forschung in Spanien
Burckhardt Helferich, Bonn	Über Glykoside
Fritz Micheel, Münster	Kohlenhydrat-Eiweißverbindungen und ihre biochemische Bedeutung
John von Neumann †, Princeton, USA	Entwicklung und Ausnutzung neuerer mathematischer Maschinen
Eduard Stiefel, Zürich	Rechenautomaten im Dienste der Technik
Wilhelm Weltzien, Krefeld	Ausblick auf die Entwicklung synthetischer Fasern
Walther Hoffmann, Münster	Wachstumsprobleme der Wirtschaft
Leo Brandt, Düsseldorf	Die praktische Förderung der Forschung in Nordrhein-Westfalen
Ludwig Raiser, Bad Godesberg	Die Förderung der angewandten Forschung durch die Deutsche Forschungsgemeinschaft
Hermann Tromp, Rom	Die Bestandsaufnahme der Wälder der Welt als internationale und wissenschaftliche Aufgabe
Franz Heske, Schloß Reinbek	Die Wohlfahrtswirkungen des Waldes als internationales Problem
Günther Böhnecke, Hamburg	Zeitfragen der Ozeanographie
Heinz Gabler, Hamburg	Nautische Technik und Schiffssicherheit
Fritz A. F. Schmidt, Aachen	Probleme der Selbstzündung und Verbrennung bei der Entwicklung der Hochleistungskraftmaschinen
August-Wilhelm Quick, Aachen	Ein Verfahren zur Untersuchung des Austauschvorganges in verwirbelten Strömungen hinter Körpern mit abgelöster Strömung
Johannes Pätzold, Erlangen	Therapeutische Anwendung mechanischer und elektrischer Energie
F. A. W. Patmore, London	Der Air Registration Board und seine Aufgaben im Dienst der britischen Flugzeugindustrie
A. D. Young, London	Gestaltung der Lehrtätigkeit in der Luftfahrttechnik in Großbritannien
D. C. Martin, London	Geschichte und Organisation der Royal Society
A. J. A. Roux, Südafrika	Probleme der wissenschaftlichen Forschung in der Südafrikanischen Union
Georg Schnadel, Hamburg	Forschungsaufgaben zur Untersuchung der Festigkeitsprobleme im Schiffsbau
Wilhelm Sturtzel, Duisburg	Forschungsaufgaben zur Untersuchung der Widerstandsprobleme im See- und Binnenschiffbau
Giovanni Lampariello, Rom	Von Galilei zu Einstein
Walter Dieminger, Lindau/Harz	Ionosphäre und drahtloser Weitverkehr
Sir John Cockcroft, London	Die friedliche Anwendung der Atomenergie
Fritz Schultz-Grunow, Aachen	Das Kriechen und Fließen hochzäher und plastischer Stoffe
Hans Ebner, Aachen	Wege und Ziele der Festigkeitsforschung, besonders im Hinblick auf den Leichtbau
Ernst Derra, Düsseldorf	Der Entwicklungsstand der Herzchirurgie
Gunther Lehmann, Dortmund	Muskelarbeit und Muskelermüdung in Theorie und Praxis
Theodor von Kármán, Pasadena	Freiheit und Organisation in der Luftfahrtforschung
Leo Brandt, Düsseldorf	Bericht über den Wiederbeginn deutscher Luftfahrtforschung
Fritz Schröter, Ulm	Neue Forschungs- und Entwicklungsrichtungen im Fernsehen
Albert Narath, Berlin	Der gegenwärtige Stand der Filmtechnik
Richard Courant, New York	Die Bedeutung der modernen mathematischen Rechenmaschinen für mathematische Probleme der Hydrodynamik und Reaktortechnik
Ernst Peschl, Bonn	Die Rolle der komplexen Zahlen in der Mathematik und die Bedeutung der komplexen Analysis
Wolfgang Flaig, Braunschweig	Zur Grundlagenforschung auf dem Gebiet des Humus und der Bodenfruchtbarkeit
Eduard Mückenhausen, Bonn	Typologische Bodenentwicklung und Bodenfruchtbarkeit
Walter Georgii, München	Aerophysikalische Flugforschung

Klaus Oswatitsch, Aachen	Gelöste und ungelöste Probleme der Gasdynamik
A. Butenandt, Tübingen	Über die Analyse der Erbfaktorenwirkung und ihre Bedeutung für biochemische Fragestellungen
J. Straub, Köln	Quantitative Genwirkung bei Polyploiden
Oskar Morgenstern, Princeton, USA	Der theoretische Unterbau der Wirtschaftspolitik
Bernhard Rensch, Münster	Die stammesgeschichtliche Sonderstellung des Menschen
Wilhelm Tönnis, Köln	Die neuzeitliche Behandlung frischer Schädelhirnverletzungen
Siegfried Strugger, Münster	Die elektronenmikroskopische Darstellung der Feinstruktur des Protoplasmas mit Hilfe der Uranylmethode und die zukünftige Bedeutung für die Erforschung der Strahlenwirkung
Wilhelm Fucks, Aachen	Bildliche Darstellung der Verteilung und der Bewegung von radioaktiven Substanzen im Raum, insbesondere von biologischen Objekten (Physikalischer Teil)
Hugo Wilhelm Knipping und Erich Liese, Köln	Bildgebung von Radioisotopenelementen im Raum bei bewegten Objekten (Herz, Lungen etc.) (Medizinischer Teil)
Friedrich Paneth †, Mainz	Die Bedeutung der Isotopenforschung für geochemische und kosmochemische Probleme
J. Hans D. Jensen und H. A. Weidenmüller, Heidelberg	Die Nichterhaltung der Parität
Francis Perrin, Paris	Die Verwendung der Atomenergie für industrielle Zwecke
Hans Lorenz, Berlin	Forschungsergebnisse auf dem Gebiete der Bodenmechanik als Wegbereiter für Gründungsverfahren
Georg Garbotz, Aachen	Die Bedeutung der Baumaschinen- und Baubetriebsforschung für die Praxis
Maurice Roy, Chatillon	Luftfahrtforschung in Frankreich und ihre Perspektiven im Rahmen Europas
Alexander Naumann, Aachen	Methoden und Ergebnisse der Windkanalforschung
Sir Harry Melville, K.C.B., F.R.S., London	Die Anwendung von radioaktiven Isotopen und hoher Energiestrahlung in der polymeren Chemie
Eduard Justi, Braunschweig	Elektrothermische Kühlung und Heizung. Grundlagen und Möglichkeiten
Richard Vieweg, Braunschweig	Maß und Messen in Geschichte und Gegenwart
Fritz Baade, Kiel	Gesamtdeutschland und die Integration Europas
Günther Schmölders, Köln	Ökonomische Verhaltensforschung
Rudolf Wille, Berlin	Modellvorstellungen zur Behandlung des Übergangs laminar — turbulent, hergeleitet aus Versuchen an Freistrahlen und Flachwasserströmungen
Josef Meixner, Aachen	Neuere Entwicklung der Thermodynamik
A. Gustafsson, Diter von Wettstein und Lars Ehrenberg, Stockholm	Mutationsforschung und Züchtung
Josef Straub, Köln	Mutationsauslösung durch ionisierende Strahlung
Martin Kersten, Aachen	Neuere Versuche zur physikalischen Deutung technischer Magnetisierungsvorgänge
Günther Leibfried, Aachen	Zur Theorie idealer Kristalle
W. Klemm, Münster	Neue Wertigkeitsstufen bei den Übergangselementen
H. Zahn, Aachen	Die Wollforschung in Chemie und Physik von heute
Henri Cartan, Paris	Nicolas Bourbaki und die heutige Mathematik
Harald Cramér, Stockholm	Aus der neueren mathematischen Wahrscheinlichkeitslehre
Georg Melchers, Tübingen	Die Bedeutung der Virusforschung für die moderne Genetik
Alfred Kühn, Tübingen	Über die Wirkungsweise von Erbfaktoren
Fréderic Ludwig, Paris	Experimentelle Studien über die Distanzeffekte in bestrahlten vielzelligen Organismen
A. H. W. Aten jr., Amsterdam	Die Anwendung radioaktiver Isotope in der chemischen Forschung
Hans Herloff Inhoffen, Braunschweig	Chemische Übergänge von Gallensäuren in cancerogene Stoffe und ihre möglichen Beziehungen zum Krebsproblem
Rolf Danneel, Bonn	Entstehung, Funktion und Feinbau der Mitochondrien
Max Born, Bad Pyrmont	Der Realitätsbegriff in der Physik
Joachim Wüstenberg	Der gegenwärtige ärztliche Standpunkt zum Problem der Beeinflussung der Gesundheit durch Luftverunreinigungen
Paul Schmidt, München	Periodisch wiederholte Zündungen durch Stoßwellen

Walter Kikuth, Düsseldorf	Die Infektionskrankheiten im Spiegel historischer und neuzeitlicher Betrachtungen
R. Jung, Aachen	Die geodätische Erschließung Kanadas mit Hilfe der elektronischen Entfernungsmessung
H. E. Schwiete, Aachen	Ein zweites Steinzeitalter? — Gesteinshüttenkunde früher und heute
Horst Rothe, Karlsruhe	Der Molekular-Verstärker und seine Anwendung
Roland Lindner, Göteborg	Atomkernforschung und Chemie, aktuelle Probleme
Paul Denzel, Aachen	Technische Probleme der Energieumwandlung und -fortleitung
J. Capelle	Der Stand der Ingenieurausbildung in Frankreich
Friedrich Panse, Düsseldorf	Klinische Psychologie, ein psychiatrisches Bedürfnis
Heinrich Kraut, Dortmund	Die Deckung des Bedarfs an Vitaminen und Mineralstoffen in der Bundesrepublik
Max Haas, Aachen	Neuzeitliche Erkenntnisse aus der Geschichte der Leichtmetalle
Wilhelm Bischof, Dortmund	Materialprüfung — Praxis und Wissenschaft

VERÖFFENTLICHUNGEN DER ARBEITSGEMEINSCHAFT FÜR FORSCHUNG DES LANDES NORDRHEIN-WESTFALEN

GEISTESWISSENSCHAFTEN

Werner Richter, Bonn	Von der Bedeutung der Geisteswissenschaften für die Bildung unserer Zeit
Joachim Ritter, Münster	Die Lehre vom Ursprung und Sinn der Theorie bei Aristoteles
Josef Kroll, Köln	Elysium
Günther Jachmann, Köln	Die vierte Ekloge Vergils
Hans Erich Stier, Münster	Die klassische Demokratie
Werner Caskel, Köln	Lihyan und Lihyanisch. Sprache und Kultur eines früharabischen Königreiches
Thomas Ohm, Münster	Stammesreligionen im südlichen Tanganyika-Territorium
Georg Schreiber, Münster	Deutsche Wissenschaftspolitik von Bismarck bis zum Atomwissenschaftler Otto Hahn
Walter Holtzmann, Bonn	Das mittelalterliche Imperium und die werdenden Nationen
Werner Caskel, Köln	Die Bedeutung der Beduinen in der Geschichte der Araber
Georg Schreiber, Münster	Irland im deutschen und abendländischen Sakralraum
Peter Rassow, Köln	Forschungen zur Reichs-Idee im 16. und 17. Jahrhundert
Hans Erich Stier, Münster	Roms Aufstieg zur Weltmacht und die griechische Welt
Karl Heinrich Rengstorf, Münster	Mann und Frau im Urchristentum
Hermann Conrad, Bonn	Grundprobleme einer Reform des Familienrechtes
Max Braubach, Bonn	Der Weg zum 20. Juli 1944 — Ein Forschungsbericht
Paul Hübinger, Münster	Das deutsch-französische Verhältnis und seine mittelalterlichen Grundlagen
Franz Steinbach, Bonn	Der geschichtliche Weg des wirtschaftenden Menschen in die soziale Freiheit und politische Verantwortung
Josef Koch, Köln	Die Ars coniecturalis des Nikolaus von Kues
James B. Conant, USA	Staatsbürger und Wissenschaftler
Karl Heinrich Rengstorf, Münster	Antike und Christentum
Richard Alewyn, Köln	Klopstocks Publikum
Fritz Schalk, Köln	Das Lächerliche in der französischen Literatur des Ancien Régime
Ludwig Raiser, Bad Godesberg	Rechtsfragen der Mitbestimmung
Martin Noth, Bonn	Das Geschichtsverständnis der alttestamentlichen Apokalyptik
Walter F. Schirmer, Bonn	Glück und Ende der Könige in Shakespeares Historien
Theodor Klauser, Bonn	Die römische Petrustradition im Lichte der neuen Ausgrabungen unter der Peterskirche
Hans Peters, Köln	Die Gewaltentrennung in moderner Sicht
Fritz Schalk, Köln	Calderon und die Mythologie
Josef Kroll, Köln	Vom Leben geflügelter Worte
Thomas Ohm, Münster	Die Religionen in Asien
Johann Leo Weisgerber, Bonn	Die Ordnung der Sprache im persönlichen und öffentlichen Leben
Werner Caskel, Köln	Entdeckungen in Arabien
Max Braubach, Bonn	Landesgeschichtliche Bestrebungen und historische Vereine im Rheinland
Fritz Schalk, Köln	Somnium und verwandte Wörter in den romanischen Sprachen
Friedrich Dessauer, Frankfurt a. M.	Reflexionen über Erbe und Zukunft des Abendlandes
Thomas Ohm, Münster	Ruhe und Frömmigkeit
Hermann Conrad, Bonn	Die mittelalterliche Besiedlung des deutschen Ostens und das Deutsche Recht
Hans Sckommodau, Köln	Die religiösen Dichtungen Margaretes von Navarra
Herbert von Einem, Bonn	Der Mainzer Kopf mit der Binde
Joseph Höffner, Münster	Statik und Dynamik in der scholastischen Wirtschaftsethik
Fritz Schalk, Köln	Diderots Essai über Claudius und Nero
Gerhard Kegel, Köln	Probleme des internationalen Enteignungs- und Währungsrechts
Johann Leo Weisgerber, Bonn	Die Grenzen der Schrift — Der Kern der Rechtschreibereform
Richard Alewyn, Köln	Von der Empfindsamkeit der Romantik

Theodor Schieder, Köln	Die Probleme des Rapallo-Vertrages. Eine Studie über die deutsch-russischen Beziehungen 1922—1926
Andreas Rumpf, Köln	Stilphasen der spätantiken Kunst
Ulrich Luck, Münster	Kerygma und Tradition in der Hermeneutik Adolf Schlatters
Walther Holtzmann, Rom	Das Deutsche historische Institut in Rom
Graf Wolff Metternich, Rom	Die Bibliotheca Hertziana und der Palazzo Zuccari zu Rom
Harry Westermann, Münster	Person und Persönlichkeit als Wert im Zivilrecht
Johann Leo Weisgerber, Bonn	Die Namen der Ubier
Friedrich Karl Schumann, Münster	Mythos und Technik
Karl Heinrich Rengstorf, Münster	Die Anfänge des Diakonats
Georg Schreiber, Münster	Der Bergbau in Geschichte, Ethos und Sakralkultur
Hans J. Wolff, Münster	Die Rechtsgestalt der Universität
Heinrich Vogt, Bonn	Schadenersatzprobleme im Verhältnis von Haftungsgrund und Schaden
Max Braubach, Bonn	Der Einmarsch deutscher Truppen in die entmilitarisierte Zone am Rhein im März 1936. Ein Beitrag zur Vorgeschichte des zweiten Weltkrieges
Herbert von Einem, Bonn	Die „Menschwerdung Christi" des Isenheimer Altares
Ernst Joseph Cohn, London	Der englische Gerichtstag
Albert Woopen, Aachen	Die Zivilehe und der Grundsatz der Unauflöslichkeit der Ehe in der Entwicklung des italienischen Zivilrechts
Karl Kerényi, Ascona	Die Herkunft der Dionysosreligion nach dem heutigen Stand der Forschung
Herbert Jankuhn, Kiel	Die Ausgrabungen in Haithabu und ihre Bedeutung für die Handelsgeschichte des frühen Mittelalters
Stephan Skalweit, Bonn	Edmund Burke und Frankreich
Ulrich Scheuner, Bonn	Die Neutralität im heutigen Völkerrecht
Anton Moortgat, Berlin	Archäologische Forschungen der Max-Freiherr-von-Oppenheim-Stiftung im nördlichen Mesopotamien 1955
Joachim Ritter, Münster	Hegel und die französische Revolution
Hermann Conrad und Carl Arnold Willemsen, Bonn	Die Konstitutionen von Melfi Friedrichs II. von Hohenstaufen (1231)
Georg Schreiber, Münster	Der Islam und das christliche Abendland
Werner Conze, Münster	Die Strukturgeschichte des technisch-industriellen Zeitalters als Aufgabe für Forschung und Unterricht
Gerhard Hess, Heidelberg	Zur Entstehung der „Maximen" La Rochefoucaulds
Fritz Schalk, Köln	Poetica de Aristoteles traducia de latin. Illustrada y commentado por Juan Pablo Martiz Rizo (Erste kritische Ausgabe des spanischen Textes)
Ernst Langlotz, Bonn	Perseus, Dokumentation der Wiedergewinnung eines Meisterwerkes der griechischen Plastik
Geo Widengren, Uppsala	Iranisch-Semitische Kulturbegegnung in parthischer Zeit
Josef M. Wintrich, Karlsruhe	Zur Problematik der Grundrechte
Josef Pieper, Essen	Über den Begriff der Tradition
Walter F. Schirmer, Bonn	Die frühen Darstellungen des Arthurstoffes
William Lloyd Prosser, Berkeley	Kausalzusammenhang und Fahrlässigkeit
Johann Leo Weisgerber, Bonn	Verschiebung in der sprachlichen Einschätzung von Menschen und Sachen
Walter H. Bruford, Cambridge	Fürstin Gallitzin und Goethe. Das Selbstvervollkommnungsideal und seine Grenze
Hermann Conrad, Bonn	Die geistigen Grundlagen des Allgemeinen Landrechts für die preußischen Staaten von 1794
Herbert von Einem, Bonn	Asmus Jacob Carstens, Die Nacht mit ihren Kindern
Paul Gieseke, Bad Godesberg	Eigentum und Grundwasser
Werner Richter, Bonn	Wissenschaft und Geist in der Weimarer Republik
Johann Leo Weisgerber, Bonn	Sprachenrecht und europäische Einheit
Otto Kirchheimer, New York	Gegenwartsprobleme der Asylgewährung
Alexander Knur, Bad Godesberg	Probleme der Zugewinngemeinschaft
Helmut Coing, Frankfurt a. M.	Die juristischen Auslegungsmethoden und die Lehren der allgemeinen Hermeneutik
André George, Paris	Der Humanismus und die Krise der Welt von heute
Harald von Petrikovits, Bonn	Das römische Rheinland. Archäologische Forschungen seit 1945

VERÖFFENTLICHUNGEN DER ARBEITSGEMEINSCHAFT FÜR FORSCHUNG DES LANDES NORDRHEIN-WESTFALEN

WISSENSCHAFTLICHE ABHANDLUNGEN

Wolfgang Priester, H.-G. Bennewitz und P. Lengrüßer, Bonn	Radiobeobachtungen des ersten künstlichen Erdsatelliten
Johann Leo Weisgerber, Bonn	Verschiebung in der sprachlichen Einschätzung von Menschen und Sachen
Erich Meuthen, Marburg	Die letzten Jahre des Nikolaus von Kues
Hans Georg Kirchhoff, Rommerskirchen	Die staatliche Sozialpolitik im Ruhrbergbau 1871—1914
Günther Jachmann, Köln	Der homerische Schiffskatalog und die Ilias
Peter Hartmann, Münster	Das Wort als Name
Anton Moortgat, Berlin	Archäologische Forschungen der Max-Freiherr-von-Oppenheim-Stiftung im nördlichen Mesopotamien 1956
Wolfgang Priester und Gerhard Hergenhahn, Bonn	Bahnbestimmungen von Erdsatelliten aus Doppler-Effekt-Messungen
Harry Westermann, Münster	Welche gesetzlichen Maßnahmen zur Luftreinhaltung und zur Verbesserung des Nachbarrechts sind erforderlich?
Hermann Conrad und Gerd Kleinheyer, Bonn	Carl Gottlieb Svarez 1746—1796. Vorträge über Recht und Staat
Georg Schreiber, Münster	Die Wochentage im Erlebnis der Ostkirche und des christlichen Abendlandes
Günter Bandmann, Bonn	Melancholie und Musik
W. Goerdt, Münster	Fragen der Philosophie. Ein Materialbeitrag zur Erforschung der Sowjetphilosophie im Spiegel der Zeitschrift „Voprosy Filosofii“ 1947—1956

SONDERHEFTE

Josef Pieper, Münster	Über den Philosophie-Begriff Platons
Walter Weizel, Bonn	Die Mathematik und die physikalische Realität
Gunther Lehmann, Dortmund	Arbeit bei hohen Temperaturen
Hans Kauffmann, Köln	Italienische Frührenaissance
—	18 neue Forschungsstellen im Land Nordrhein-Westfalen
—	Wissenschaft in Not

MIX
Papier aus verantwortungsvollen Quellen
Paper from responsible sources
FSC® C105338

If you have any concerns about our products,
you can contact us on
ProductSafety@springernature.com

In case Publisher is established outside the EU,
the EU authorized representative is:
Springer Nature Customer Service Center GmbH
Europaplatz 3, 69115 Heidelberg, Germany

Printed by Libri Plureos GmbH
in Hamburg, Germany